The 3 Gaps

高效能人士掌握人生的
三个关键时刻

[美]
希鲁姆·W.史密斯
Hyrum W. Smith

The 3 Gaps Are You Making a Difference?

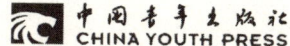

图书在版编目（CIP）数据

高效能人士掌握人生的三个关键时刻/（美）希鲁姆·W.史密斯著；沈延子译.
—北京：中国青年出版社，2016.8
书名原文：The 3 Gaps: Are You Making a Difference?
ISBN 978-7-5153-4347-1

Ⅰ.①高… Ⅱ.①希…②沈… Ⅲ.①成功心理 – 通俗读物 Ⅳ.①B848.4-49

中国版本图书馆CIP数据核字（2016）第172816号

Copyright © 2015 by Hyrum W. Smith. Copyright licensed by Berrett-Koehler Publishers arranged with Andrew Nurnberg Associates International Limited.
Simplified Chinese translation copyright © 2016 by China Youth Press.
All rights reserved.

高效能人士掌握人生的三个关键时刻

作　　者：	［美］希鲁姆·W.史密斯
译　　者：	沈延子
责任编辑：	杨　迪
美术编辑：	张燕楠
出　　版：	中国青年出版社
发　　行：	北京中青文文化传媒有限公司
电　　话：	010-65511270/65516873
公司网址：	www.cyb.com.cn
购书网址：	zqwts.tmall.com　www.diyijie.com
印　　刷：	三河市文通印刷包装有限公司
版　　次：	2016年8月第1版
印　　次：	2016年8月第1次印刷
开　　本：	787×1092　1/32
字　　数：	40千字
印　　张：	4.25
京权图字：	01-2016-4818
书　　号：	ISBN 978-7-5153-4347-1
定　　价：	29.00元

版权声明

未经出版人事先书面许可，对本出版物的任何部分不得以任何方式或途径复制或传播，包括但不限于复印、录制、录音，或通过任何数据库、在线信息、数字化产品或可检索的系统。

中青版图书，版权所有，盗版必究

这本书献给陪伴了我 49 年的贤妻，我的 6 个孩子，还有我的 24 个孙子孙女。他们一直都在帮助我弥合人生中的鸿沟。

The **3** Gaps
Are You Making a Difference?

目 录 / Contents

007 / 序言：掌握生活的方向

011 / 导言：改变世界的愿望

019 / 第一章　信念转变时刻：
　　　　你的生活最需要什么
　　·重开信念之窗　021
　　·生活的长期需求　025
　　·泰勒和詹尼佛的故事　032

053 / 第二章　价值发现时刻：
　　　　　　　你最珍视什么

- 回归核心价值 `055`
- 找到最珍视的事情 `057`
- 琳达·克莱门斯的故事 `070`

089 / 第三章　时间管理时刻：
　　　　　　　你内心想要完成什么

- 思考效率差异 `091`
- 魔力 15 分钟 `097`
- 麦克凯伊·克里斯汀森的故事 `103`

125 / 结语：你做出了什么改变

129 / 附录：本书作者希鲁姆·W.史密斯的核心价值

```
┌─ The 3 Gaps ─┐
│  Are You Making a  │
│     Difference?    │
└────────────────────┘
```

序 言 / Foreword

· **掌握生活的方向** ·

在萧伯纳的经典作品《人与超人》中,主人公唐璜面临一个有趣的选择:他来到地狱,不得不思考自己的行为带来的后果。他有机会回到天堂,但是魔鬼花言巧语诱惑他留下。作品中,地狱被描述成一处美妙的所在——装潢精美、典雅舒适、赏心悦目,并没有传说中的烈焰和硫黄。最后,唐璜还是明智地选择了回到天堂,魔鬼对此嗤之以鼻,并询问原因。主人公简单地回答道:"留在地狱只能随波逐流,而身处天堂才能控制方向。"魔鬼无言以对。

希鲁姆·W. 史密斯,一直在研究效能与成功的法则,他掌握了一种能力,能够调动听众的思维,并拓宽他们的眼界。他的精力可以源源不断地塑造他所谓的内心平静——在最有价值的"要事"与行为之间达到和谐所必然产生的一种状态。史密斯在本书中阐释道,当我们偏离了最重要的事情所在的轨道,迷失了方向,我们也就失去了这种和谐——而这的确是个人生活(包括他自己的生活)与组织运行中常见的问题,也许是整个国家常遇到的问题。

我们生活的世界总是有不和谐与迷茫。然而,找到内心的平静其实比我们想象的要简单且容易实现——对于书中提到的许多问题都是如此。这本书里的智慧会影响我们吗?运用这些智慧,我们的生活会有所改变吗?我们的组织会不会变得更专注,更高效?社会的问题能否得到解决?当然,这取决于我们。我们准备好改变自己了吗?如果答案是肯定的,我们的努力就会收获丰硕的成果。

与唐璜一样,我们可以选择是随波逐流还是控制生活的方向。这本书虽然不能给予你天堂作为努力的回报,但是作者的确为你指出了一条道路,可以掌控自己的生活方向,坚持走下去,你会发现,理想、成功和完整生活的成就感就等在前方。开始阅读这本书,做出改变吧。

理查德·I. 韦恩伍德,

富兰克林柯维公司联合创始人,

《富兰克林效率手册》的开发者

> The **3** Gaps
> Are You Making a
> Difference?

导 言 / Introduction

·改变世界的愿望·

19~20岁,我住在英格兰,并有幸听到了丘吉尔的演讲。在他临终前的一次演讲中,这位英国首相谈到,他一直致力于改变这个世界。

如果的确有人改变了世界,丘吉尔必定是其中之一。毕竟,他可以说是在第二次世界大战中拯救了自由世界。那天,在聆听他的演说时,我感到自己接过了一根接力棒。我做了一个决定："知道吗？我也要改变世界。"

50年来，这个承诺影响到了我人生中的大部分决定。因此，当9·11事件发生三周以后，当时的纽约市长鲁迪·朱利安尼给我打电话，询问史蒂芬·柯维博士和我能否到纽约，为受害者家庭开设工作坊，我的回答是："当然可以，你需要我们什么时候到？"

2001年10月18日，史蒂芬和我来到纽约。此前，我到过纽约多次，但是这一次，飞机在东河上飞过时，我的体验完全不同。世贸中心不见了。我们是在晚间到达的，向窗外望去，只有灯光和烟，那感觉并不真实。

第二天早上五点钟，一辆警车接上我们，来到事件发生地，市长为我们安排了一次参观。在走过四个警方检查站之后，我们停在一处直径15英尺的废墟前，我从来没有见过这么大的一个坑。

我们站在那里，看着一辆吊车从碎石中拖出一根大梁，大梁的一头还有碎屑掉落。警官告诉我们，世贸中心里有超过四万台计算机，没有一台在这场3000度的大火中幸存。就在当时，火仍然没有熄灭。

后来，我们进入酒店的大厅。大厅的设计可以容纳1800人，当时多出了四五百人，每一处都挤满了。活动开始，两名警察和两名消防员身着制服，举着美国国旗进入场内，足以让我热泪盈眶了。哈莱姆女声合唱团演唱了三首爱国歌曲，人们的情绪高涨，几乎掀翻屋顶，我从未听过如此壮丽的音乐。

我当时哭得像个孩子一样。感谢史蒂芬·柯维，他在我之前上台。轮到我讲话时，我挤到大厅前面，走过坐在地板上的人群，还没张口，一位消防员就站起来说道："史密斯先生，我们已经什么都不在乎了，你还要告诉我们早上如何起床吗？"

我开始了最艰难的一次演讲，但或许也是最有成就感的一次。

我看了看台下的观众，他们眼中有期待、惊愕、悲恸。然后我对那位消防员说：如果我今天的演讲能让你记住一件事，我希望是这几个字：伤痛不可避免，然而痛苦是可以选择的。事实上，好人总是会遇到坏事。战争总是发生。人们失去401（k）养老金。海啸会淹没村庄。核电站倒塌。不幸的事情总在发生。我们不可能毫发无损地度过这次悲剧。但是，我们如何应对伤痛，才能够反映出我们是什么人，也是我们能否成功跨越障碍的关键。

"如果你把9月11日在这里发生的事情同过去150年世界上发生的事情比起来，其实不过是沧海一粟，是不是？"

偌大的房间，静得连一根针掉在地上都听得见。

"让我们看看1944年6月5日。艾森豪威尔在英格兰的一处工事里对他手下的将军们说：'先生们，我们明天得多派点孩子去诺曼底海岸，要比德国人的子弹多才行。'第二天，他们派了20万孩子登陆海岸，你们知道发生了什么吗？德军真的打光了所有的子弹。艾森豪威尔预计自己会损失40万年轻人。你们常常记起这件事吗？"

接着，我帮助听众回忆起另一个值得纪念的悲剧：我们在第二次世界大战中失去了40万将士；在南北战争中失去了60万人；5万人在葛底斯堡战役中牺牲。还有朝鲜战争、越南战争等等，名单越来越长。

我继续说道："让我来说说为什么我会有如此深刻的共鸣。1995年5月18日，我的两个女儿开车从盐湖城回家。我的小女儿莎尔瓦当时24岁，还有三周就要举行婚礼，大女儿斯泰西25岁，带着她两岁的女儿。在犹他州的I-15公路上，她们出了事故，车子翻了。莎尔瓦当场死亡，我的外孙女西罗被甩出车外，当场死亡。斯泰西捡回了一条命。

"那是我人生中第一次经历如此深切的伤痛，几乎无法接受。我还必须打电话给莎尔瓦的未婚夫，告诉他莎尔瓦的死讯。斯泰西的丈夫拉瑞在车祸发生时正在和我女儿通话，因此已经知道了这件事。

"在我的女儿和外孙女的葬礼当天早上，我坐在办公室里，拼命想自己一会儿应该说点什么。你会如何在自己女儿的葬礼上发言呢？你从未想过自己白发人送黑发人。

"我坐在那里，目光停在办公室里的一幅画上面。那幅画在那里放了很久了，画的是西部草原上的冬天，一对拓荒者夫妇站在家人的新坟前。我盯着那幅画，看到了此前从未注意过的一个细节。背景中，还有其他的马车，人们坐在马车上，拉着马缰绳。他们在等待这对夫妇埋葬好他们亲爱的家人。就在那时，我才意识到，这对夫妇在想什么，他们必须学会什么。那就是：我们必须继续生活，否则就无法生存。早期的那些拓荒者改变了他们后代的未来，因为他们选择不放弃。"

虽然没有控制住眼泪,我还是能看到台下人们的表情。他们知道,我完全理解他们的伤痛。我对他们说:"现在,我有时候还会因为失去女儿和外孙女悲痛不已,但是我们必须继续生活。这次经历改变了我,也永远改变了我对生活的态度,我不会忘记它。但是,如果我决定陷入悲痛无法自拔,就会毁了其他很多人的生活,也包括我自己的生活。"

我们每一个人都要面对一些伤痛。但是,除了悲剧事实以外,悲痛并不一定要成为生活的一部分。如果你选择了悲痛,你今后的人生就毁了。你的思维关闭了,不会再去思考应该思考的事情,而正是那些事情才会让你的身体、思维、人际关系和事业更强壮。如果你选择了悲痛,你周围的所有人也会很悲惨,悲痛的结果是,没有希望。

看着台下的人,我意识到,在9·11事件中,他们都曾以某种方式改变了世界。消防员、警察、邻居、路人,每一个人都在与伤痛抗争,试图做出改变。

我知道,我们每一个人都有愿望改变世界,希望活得有意义,希望做出贡献,以减轻他人的痛苦,让世界更美好。

这本书就是有关改变世界的，从改变自己开始讲起。机组人员会告诉你，在舱内气压变化时，先为自己戴上氧气罩，再去帮助其他乘客。通过了解"三道鸿沟"，并学会如何愈合它们，完善自己的人生，你将会掌控自己和自己的人生，并在你周围的圈子里做出改变，发自内心，且不失专业。

本书每一章讨论一种弥合"鸿沟"的关键时刻，每一章都讲述一个真实的故事。故事里的人我都认识，并且欣赏多年，他们都弥合了三道鸿沟，切实改变了自己的生活。

如果你做出承诺，希望内化并实践本书的内容，我们可以保证，你会找到新的工具，拥有更加平衡而高效的生活，更有能力改变世界。

弥合鸿沟

在开始讨论改变世界之前，我要介绍三个重要的概念。先想想1989年的电影《夺宝奇兵3：圣战奇兵》，在电影中，主人公寻找圣杯，追踪各种线索，克服种种困难，终于到达佩特拉遗址。他通过了考验，踏上岩壁，从那里他可以看到他的目标——圣杯所在的山洞。但是，他面前有一条无法跨越的峡谷,将他同最后的胜利隔开。电影中,他举步迈向悬崖,一座桥神奇地出现了,他跨过鸿沟,走向最终目标。当然,我们现实生活中的"鸿沟"需要不同的应对方式,然而前方等待我们的"宝藏"却是真实的,而宝藏之一,就是获得内心平静的能力。

> 内心平静来自于生活中的宁静、平衡与和谐,而这三点将通过弥合"三道鸿沟"获得。

生活中的鸿沟会攫取我们积极改变世界的力量。我将要在本书中阐释,当我们弥合了这三道鸿沟,我们就获得了拥有宁静、平衡与和谐的力量,而这又将使我们获得更多的力量,让这个世界变得更美好。

Chapter 1
The Beliefs Gap

第一章　信念转变时刻：你的生活最需要什么

· The 3 Gaps ·

·重开信念之窗·

由于信念对我们生活的决定性作用如此重要,因此我首先要讨论在你相信的真实与实际真实之间的鸿沟——信念鸿沟。

曾经,世界上大多数人相信太阳是绕着地球转的。哥白尼首先提出异议,伽利略支持他的观点,指出事实并非如此,人们认为这两个人是异教徒。这两个人的观点是正确的,人们却并不在意,在当时,相信太阳绕着地球转并没有什么严重的后果(除了个人受到排斥以外)。然而,如果我们没有纠正这一巨大的错误观念,人类就不可能有现在这么多的空间项目科学成就。是正确的信念让我们能够有所作为。

我们来看下面这则故事:

约翰走进一个朋友的院子，惊讶地看到一只杜宾犬，之前他从未在这位朋友的院子里见过。起初，约翰被吓得动弹不得，然后他跑出了院子。他拼命地跑，没有想过要问问，那只狗怎么会在那里，是不是被拴着的。

过了一会儿，苏珊走进了同一个院子，她和约翰一样感到惊讶。但是她的反应很积极，"噢！多可爱啊！"她跑上前去，抚摸那只狗，在它的双耳间挠痒痒。

面对同一只狗，为什么两个人会有如此不同的反应呢？因为信念之窗的缘故。

每个人都有一扇信念之窗，你可以把它想成一扇小巧干净的窗子，正悬在你面前，随着你移动：你所看到的世界都透过这扇窗，你所接收的信息也来自这扇窗。

在这扇信念之窗里，你倾注了成千上万种信念或规则，并坚信不疑。它们是你生活的积淀，然而各自的价值并不相同。有些是好的，有些并不是。有些是理性的，也有些是非理性的。有些很高效，有些则不然。信念之窗里的信念数量往往同你的年龄和经历相关。我们向其中倾注信念是因为我们相信它们的真实性，并认为可以遵循这些信念，得到我们所追求的东西。

在约翰的信念之窗里，杜宾犬是凶恶的，他对此并不怀疑。因此，当他遇到一只杜宾犬，他的反应是逃跑、躲避、纵身越过高墙——离那只狗越远越好。他没有去分析当时的情形。出于信念的反应几乎是本能的。

苏珊则不同，她认为所有的狗都可爱温顺，因此对于这只杜宾犬，她的反应与约翰大不相同，而这一反应则是出自她对狗的看法。

你的信念之窗为信念所遮挡，控制着你的行为。那么问题是：

> *在你的信念之窗里面的信念是正确的还是错误的呢？*

每个人都有正确的信念和错误的信念，也会有存在质疑的信念，这些信念影响着我们的行为。注意，我在这里使用"正确"和"错误"两个词，并不是要从道德上评判信念的"好"与"坏"，只是希望简化这一讨论，重点是要指出，这些信念如何影响了我们的生活。

如果一种信念反映了自然法则或是现实情况——比如"蔬菜对人有好处""重力让我们能够站在地面上""地球绕着太阳转"——那么它就可以被视为普遍正确的。而与自然法则相对立的信念则是错误的。

除了要基于自然法则，我们所相信的事物也是个人价值观的反映，比如"经济独立很重要"或是"己所不欲勿施于人"。

信念可以简单地出于主观判断或是个人观点，例如，"欧洲车比美国车好"或"西蓝花不好吃"，或是"我可以想吃什么就吃什么，对我不会产生不利影响"。个人观点并不容易区分对错。无论您的信念是基于坚实的科学基础，还是出自你的价值观，或是完全的主管感受，它们都不会改变这一事实：因为你相信，所以它们是真实的，而因为他们是真实的，你便会遵循。关键在于，我们需要识别信念之窗里的内容，对于不正确、不恰当、无效率的信念，我们要做出改变。

由于我们无法打印出信念之窗，因此我们需要寻找另一种方法，来识别这些信念。唯一的方法就是检验我们的行为，因为他们是信念的产物。（要认识约翰对杜宾犬的信念并不难，只要看看他遇到杜宾犬时的反应就知道了。）如果你对自己生活中的行为模式进行分析,得到了负面的结果,那么你确实受到了负面信念的影响。换句话说,你需要弥合信念鸿沟了。

· 生活的长期需求 ·

在《你就是你所相信的》(*You Are What You Believe*)一书中,我谈到了人的行为模式,也就是现实模式。在这里我不再赘述,但建议读者阅读此书。

在这里,我重点要强调的是,不正确的信念会让你的行动产生负面的效果。此时,你会经历压力、情感伤痛、关系破裂或是工作中的不愉快(也包括其他事情)。

需要指出的是,我们所有的信念和行为都是为了满足我们最基本的需求。人们普遍的需求包括生活需求(生存)、对爱与被爱的需求(关系)、需要他人肯定的需求(有价值)以及对多样性的需求。如果我们不能满足这些需求,就会以某种形式感到痛苦。(约翰在看到杜宾犬时无疑要满足他的生存需求,而苏珊是在满足爱与被爱的需求。)

重要的是，即使我们认为自己放在信念之窗里的信念能够满足上述需求，我们也并不总是正确的。也许我们曾有过童年的不愉快经历，或者在生命早期接受了某种教育，或是误读了身边的事件，让我们放在信念之窗中的信念无法满足我们的需求。

判断你的行为是否能满足你的需求，是需要一定时间的。有些似乎在某个情境下满足了你的需求，但是随着时间的推移，呈现出完全不同的结果。最有说服力的例子或许就是酗酒。如果你认为饮酒能够放松自己，并且更适合交际，你也许会尝试几次，甚至，在你有意为之的时候，会发现它很有效。但是，许多人发现，这一看法产生的结果会逐渐损害他们的人际关系、职业前景和大脑健康。请记住，结果是需要时间来验证的。

你可以选择相信你喜欢的任何事情，只要记得，你的行为来自于你的信念。正确的信念会将你引领到积极的结果，并令你获益良多。而错误的信念会将你引向消极的结果，对你造成伤害。你的需求不会得到满足，就这么简单。

再来看一个例子。假如，你相信欧洲的汽车比美国的汽车好，那么在你需要购买新车的时候，你就会按照这一隐形的行为规则行事，选择就会变得很简单。你会买哪一种车呢？你的行为是自发的，出自于你所接受的准则，而这一准则存在于你的信念之窗。选择购买一款欧洲汽车会满足你以后的需求吗？很有可能。

这里还有一个例子。比如说，你坚定地认为，自己不能输掉任何一场比赛。如果你认为这是正确的，那么当你知道将要输掉某一场比赛时，你会怎么做呢？也许你会作弊、放弃，甚至勃然大怒。这取决于你的信念所带来的行为规则。那么问题来了：这种行为所带来的结果会满足你的长期需求吗？很可能并不会。也许，你需要改变这一信念，用另一种信念来代替它，从而弥合信念鸿沟，获得内心平静。

信念之窗里，也许会有以下这些信念：

- 学校教育应当回归基础知识。
- 我的个人价值由我所拥有的东西决定，比如我的工作、他人给予的赞扬等等。
- 无论我做什么，爸爸妈妈都会永远爱我。
- 我的家人永远不理解我。

- 男人都是低等的。
- 女人都是低等的。
- 我只是外部力量的一枚棋子，无法改变这一事实。
- 我没有成瘾，随时都可以戒掉。
- 有些人就是比其他人更重要。

请记住：

> 对于无法满足你长期需求的行为，所源自的信念都是不正确的。

检验信念之窗的关键，即判断哪些是正确的，哪些是不正确的信念，在于遵循以下四个步骤：

第一步：承认。开始这一过程，你需要首先承认两件事情。第一，你得承认，生活中确实有些行为造成了你的伤痛、压力或混乱。找到伤痛背后的行为原因往往比识别伤痛要困难，但是，如果我们足够诚实面对自己，我们大多数人还是可以办到。

然后，我们需要承认，必须改变自身，来提升自己的生活状态。我们都倾向于外化，指责他人或外部力量，认为是这些造成了我们的伤痛。由于常常这样想，我们才对此坚信不疑。愿意承认自己才是问题所在，是获得进步的关键。（并且因为我们只能改变自己，责怪他人就意味着我们的伤痛并不会减少。）

第二步：自省原因。现在你需要问问自己：为什么要以一种会给自己带来上文中负面结果的方式行事。如果你不断问自己"为什么"，对自己足够诚实，最终会发现答案。答案往往在你的信念之窗中。

为什么我见到狗会跑开？（因为我相信所有的狗都是危险的。）为什么我总是在不恰当的场合开玩笑？（因为我相信幽默才是交朋友的最好方法。）为什么我在比赛中作弊？（因为我相信赢得比赛是获得人生价值的基础。）为什么我还是和那个有虐待倾向的人在一起？（因为我相信那些虐待是我应得的。）为什么我开会总是迟到？（因为我觉得自己的时间比别人的更重要。）

这件事也许要花一些时间，并且确实需要诚实的自省。在找到终极原因的时候，你往往自己也会意识到。这也是你找到行为源头信念的时候。

第三步：引入新的信念。在这一步，你必须有创造力，能够鉴别新的信念，能够替换掉旧有的信念，而后者正在让你的行为带来麻烦。前文的第一个例子（所有的狗都是危险的）可以用一种不同的信念来替换（大多数的狗是友好的）。要检验不同的信念，你可以假想，自己如果真的持有这种信念会有怎样的行为。在上文简单的替换选项中，你并不会每次见了狗就跑开，而是会期待有与狗相遇的经验。（即使你偶尔会遇到凶恶的狗，这种情况仍然会符合你所持有的"大多数的狗是友好的"这种信念。）如果结果更好，更能在长期满足你的需求，那么也许你已经找到了可以纳入信念之窗的新的信念。

然而，说起来简单，做起来难。持有信念的首要原因是你认为它是真实可信的，但是现在你要用一种你并不信任的信念来替换它。让我们来看下一个步骤，你就会发现这一切是怎么运转的了。

第四步：假设行为。到了这一步之前，所有的事情都只是纸上谈兵。你已经检验过了你的困难，并将其与产生他们的行为紧密联系。你已经问过了自己，为什么你会有如此行为，并思考了指挥你行为的信念。然而这一切都没有要求你做出任何改变。

现在，你处在这样一个位置：你将如何改变一个你已经坚持了很多年的信念呢？一旦你发现了另一个可以取代它的信念，即使你"知道"它并不真实，却还是要迈出最重要也是最艰难的一步。你要开始行动，在新的信念是正确的假设下遵循它行动。

神经科学教会我们，行为可以在大脑中创建新的神经通路。通过重复某一种行为，一些行动在我们看来变得平常。这种现象有时被称为"假想成现实"现象。也许，一开始你需要有意识地去做。随着时间的流逝，行为会变得主动，最终变得自发。

我在这里可以保证，一旦信念改变了，相应的行为也会自发改变。并且，旧有行为所引发的伤痛也会随之消失。

> 记住，除非你改变了信念之窗中的信念，否则你的行为永远不会发生改变！

通过改变信念，你弥合了鸿沟。信念改变了，一切也都改变了。

改变几乎不会突然发生。有时，它好像是前进两步再后退一步。但是，如果你持续遵循你的新信念，积极的结果终会呈现，到那时你会知道，你已经弥合了一道鸿沟，将你所相信能够满足需求的同真正能满足需求的东西结合起来。

要不断地问自己下面这个关键问题：

> 这种行为会长期满足我的需求吗？

如果答案是出自内心的，有自信的"是"，那么，开始重塑你的信念之窗吧。

· 泰勒和詹尼佛·威尔金森的故事 ·

我认识泰勒很多年了，他和我的儿子是高中同学，他也是高中球队最棒的后卫之一，曾代表犹他州比赛。在我看来，泰勒和他的妻子詹尼佛是能说明两个人愿意弥合信念鸿沟的最有说服力的案例。

泰勒和詹尼佛不得不面对人生中的一次大悲剧。他们决心不能被击倒。他们需要检视自己对于他们自身和他们在这世界机会的信念。

下面是他们的故事。你会看到，改变信念是如何变得对他们的生活至关重要，他们又是如何在其中成长蜕变。当我对他们谈到弥合信念鸿沟的力量时，他们的反应自然随和，因此我决定与读者分享他们的故事。他们如何同我分享的，我也一样分享给你们。

（泰勒）我和两个哥哥一起长大，他们都是运动员。家里还有三个妹妹。我的哥哥们，一个比我大五岁半，一个大我三岁半，我一直仰慕他们。因此，运动对我来说也变得十分重要。任何能够让他们多看我这个弟弟一眼的事情，对我来说都是大事。我们住在一个小镇上，那时候，我一直想成为一名橄榄球运动员，也想当篮球运动员。

  我当时觉得，我并不是在与当地的孩子竞争，而是在同全美国的孩子比赛，早起做俯卧撑、仰卧起坐、跑步。我一直在监督自己。靠着这份专注，我成了一名更好的运动员。当然，家人也希望我的学习成绩好。我做得还可以，知道这也很重要。我得过3.3和3.4，有时候是3.5或者3.6，甚至是3年级平均成绩3.7。但是，当家庭作业与运动训练冲突时，我会选择运动。我的父母也知道，我的努力会换来奖学金。

  上中学以后，我开始对社会交往有了更多的兴趣。八年级时，我遇到了詹尼佛，大概九年级时开始喜欢她。现在我知道，当时我觉得詹尼佛与其他的女孩子不一样。当时有很多循规蹈矩的女孩，但是詹尼佛只是我行我素。她看上去过着一种我想要的生活。尽管那时我们年纪还小，我们还是经常联系。我们也和其他人约会过，但还是和彼此在一起的时候更多。我那时确实觉得，我们之前有一种成熟的关系。尽管还在上高中，我们就已经开始谈论我们所认为最重要的事情。我理解，信仰对她来说十分重要，我们的信仰所带来的价值观和其他事物，对我而言也相当重要。

（詹尼佛）我是家里五个孩子中的老大，在美国的一个小镇长大。我的童年经历和泰勒的很像。我们开始约会——开始"彼此喜欢"——是在九年级的时候。也就是说，我们在结婚之前谈了六年恋爱。我觉得我们的关系很成熟，也许很多高中生情侣都不会有。

我们并不属于那种可爱浪漫的高中生情侣。我是说，我们彼此欣赏了三年，直到发生了一次事故，而在那之前，我们都没有向对方说过"我爱你"。我们当时只是觉得这么做有点幼稚——就好像我们真的是在做达人做的事一样，与某个人坠入爱河。

我们当时希望，我们的关系可以更久地保持在朋友的层面。因此，我总是想着如何毕业，然后读大学。我那时不是个优秀的学生。泰勒和我的成绩差不多，而读书从来不是我的强项。我的妈妈热爱自己做母亲的角色——至少我是这么认为。她对我说过很多次，她喜欢做全职妈妈，而这也是我想要做的。我并没有职业目标，也没有预期，我那时想，如果一定要工作的话，我可以做一名教师，或是其他和孩子在一起的工作。

在高中，我对将来有一天会结婚、挑选请柬颜色这等事情感到很兴奋。我大概会想象未来丈夫的样子。不知道你是否理解，但是女孩子有时候会陷入幻想。我记得，当时想象着未来的丈夫，在婚礼当晚抱着我穿过门廊。

（泰勒）高中最后一年，就在我发生事故之前几周，我同我们本地大学的橄榄球教练和篮球教练见面。我同他们签了合约，同意为校队服务。也有其他学校对我感兴趣，我也去参加过一些招生会，但是这所学校会支付所有的费用，而且，我可以同时参与两种运动。所有的事情都安排好了。

那个周六，我钻进爸爸的卡车。詹尼佛当时是体操队员，我们准备那天和她全家出去玩。我很兴奋，因为我们的亲密关系，也因为即将到来的篮球赛季，一切都很棒。然后，我开着车睡着了。卡车翻了，我的人生从此改变。

（詹尼佛）我们当时在参加全州体操比赛。那是1991年2月16日。我不知道泰勒会不会去，我们出发时他还没有决定。那时候还没有手机，我们也没法联系。我们的队伍被排在中间，跳了几节之后，我妈妈才知道泰勒出事了。她并没有马上通知我,因为她知道我们的团队需要专注比赛,并且也清楚,当时无论我们立即采取什么行动,都无济于事。

(泰勒)我躺在卡车里,挂在安全带上,胳膊垂在身前,上下晃动,毫无知觉。我觉得自己应该是暂时瘫痪休克了,但后来事实狠狠打击了我:并不只是休克和暂时瘫痪那么简单。

我小的时候,有一位邻居,和我家只隔两栋房子。她在二十几岁就摔坏了背。我和朋友们曾经在她的草坪上玩橄榄球和篮球,我还记得看到她从轮椅爬进车里。几年以后,我倒挂在自己的车里,想起了那一幕。我当时宁愿死,也不想困在轮椅中。我再也不能打球了。

恐惧开始钻入我的内心。我只能挂在那里,等待救护车到来,心想自己的脊柱可能已经损伤。然后,我记得,我在等待救护直升机将我带到最近的大型外伤医院。我请求当地的医生为我祈祷。虽然不记得他说了什么，但是我记得自己还认为一切都会好起来。我当时并不知道，在后来的二十几年，"好起来"也意味着我还坐在轮椅里。

有趣的是，我的信念发生了变化。我们看待自己的方式必须成长。当直升机降落，我就知道我再也不能打球了。

然而，我想着自己应当努力。我做得到。不论医生怎么说，我还是会努力再努力，寻找出路。但是，一天又一天过去了，越来越难说我的情况确实在变好。

我记得希鲁姆引用过的一首诗，作者是亨利·凡·戴克，写的是日晷：

手指的剪影

分开过去和未来：

……

这条线以后，

逝去时光不再。

大约就是这样，我开始思考。我开始想着，好吧，也许我明天后天还不能从这里走出去，但是也许我可以摆脱这台呼吸机。

（詹尼佛）我一从妈妈那里知道这个消息，就开始哭。我记得，自己当时的反应着实吓了我一跳。我在上高中的时候并不是个情绪化的孩子，我不是那种清纯少女，我本不应该有这样的反应。我应当是低调沉着的。但是，控制不住的眼泪让我知道，我对泰勒的感情是多么强烈。

妈妈和我立即出发了，开车赶到盐湖城，奔到泰勒在的医院。我们一连几天待在那里，只是为了确认他没事。我记得我们整个周末都在医院，然后才回到家。

回到家，再去上学，对我来说有点困难，因

为大家都喜欢泰勒。他是那么优秀的运动员，人又好。人们喜欢他，不只是因为他的成功，也因为他的待人方式。

事故之后的周一，我在上学途中经过篮球场。我知道泰勒有多么喜欢篮球，赛季才刚刚开始。我又哭起来。我知道，一切都不一样了。春天天气很美，篮球赛季刚刚开始，本应该很让人兴奋。我为泰勒伤心，我不是怜悯他，我只是觉得，他必须撑过这段困难的日子，并且他的人生就此改变了，再也不能做他喜欢的事情了。

在那段时间，我们的关系继续发展。我们确实必须意识到一些事情了。我记得，当他在特别监护室里的一些事情。虽然不记得自己是不是在喂他吃饭，或许他那会儿在康复中心，但是我说过一些有关喂我的孩子吃饭的话，像是练习喂宝宝吃饭之类的。我说得很随意，因为我觉得那只是暂时的——

我并没有意识到这件事会伴随我很久。

可是泰勒并不喜欢，因此我们有过一些争吵，但是我相信我们共同努力挺过了每一件事情，接受了事实。日子慢慢过去，一切都得到了解决。

（泰勒）当我离开镇子的时候，还是"运动员先生"，回来之后，还要面对所有的队友，所有的同学。我不知道自己还会不会愿意和队友一起吃饭，因为我必须用特制的叉子，绑在手上，并且我还不会熟练地将食物送到嘴里。

就是这样，走的时候还和其他高中生一样，突然，砰！我就要用绑在手上的叉子吃饭了。我一辈子别想在橄榄球和篮球场上取得成就了。我那时很困惑，我的人生角色变成了什么？我和这么多人的关系，又要如何重新定义？

家里人的一位朋友有一架飞机，自告奋勇载我回家。我永远也忘不了着陆的那一刻，朋友们来欢迎我。我先是聊了几句,然后我爸爸把我扶到车里,我们向左转弯,所有的朋友都在另一辆车上,向右转弯,那条路通向湖边。我感到那才是我要去的地方,我应当和他们在一起,向右转弯。但是,我却不得不去康复中心。那一幕现实唤醒了我:这就是你的人生。事故发生后的头几年,我并不快乐,然而事情终于开始转变。

车祸之后,我还是希望能够上大学,我想要和一个好姑娘结婚,组成一个家庭,有一份工作。这些都是我在出车祸之前想要达到的目标,车祸之后,它们依然是。我意识到,有这些目标是件好事,然而,眼下我只能专注于每天要完成的事情。我摆脱了呼吸机,我可以坐在椅子上,可以用辅助设备自己吃饭。后来我可以推动我的椅子,我在进步,虽然比我希望的要慢很多,但是我开始相信,我可以重塑自己的人生,实现最初的梦想。

家人给了我很大支持,朋友们也一样。詹尼佛每个周末都来。我爱我的家人和朋友,我会努力一整周,这样詹尼佛来的时候就会看到我的努力,她对我每一点点的进步都很激动。

(詹尼佛)我并不像是个拉拉队长。你在这类电影里会看到,我的角色会说:"噢!你能做到的!"但我不是这样的。我只是在支持他,我会说:"不错!"

(泰勒)她很会观察。即使她说她很伤心,不能看见我比赛了,其实她是在为我伤心。她更为我爸爸伤心,因为爸爸再也不能看我比赛了。但是她让我感觉很好。我的每一点进步,都是源自于她的鼓励,她的伟大。

(詹尼佛)他只是想要更多的亲吻和礼物。

(泰勒)我觉得当时会有一些感情,那是很重要的动力。有很多次我摔倒在地,比喻也好,实际也好，我都能找到站起来的勇气，这是因为她在这里。

你必须站起来，继续下去。这种信念，有些显然是来自我的家庭——我的父母和两个哥哥，有些来自我的运动员经历——很艰苦，生活就是一次挑战，你会脸朝下摔在地上。你会被阻拦，你会受到伤害，但是你必须站起来，继续向前。我得说，詹尼佛给了我巨大的动力。

（詹尼佛）结婚之前，我们讨论了将会发生的所有事情，这样我才能帮助他，照顾他。泰勒的父母一直在照顾他，帮他做他自己不能完成的事情：起床、穿衣、洗澡，等等。

我知道自己要帮助他做什么，我们结婚了。当我们开始真正生活在一起时，我成了他的主要照看人，这比我想的要难得多。

我相信自己需要接受一切，把事情做好——

尽我的责任,我这么认为。我继续上学,在大学的舞蹈队跳舞,全职工作,照顾他。看上去一切都好,但是有个想法总是缠着我:我做不完所有的事情。

我觉得我把自己变成了他的24小时陪护。这不是他的错,也不是我的错。但是,我在照料他的事情中陷得太深,以至于有些失去了自我,这让我觉得很艰难。

最后,我不得不迈出一步,"有些事需要改变。"我找了一份新工作,请了别人来帮忙做一些事情。一周有几天,他们会来帮助泰勒起床,我们刚好可以建立良好的关系。此前,我们已经失去了平衡,以至于我让自己变得绝望沮丧。我们必须做出改变,让事情好起来,而我们真的做到了。

(泰勒)一天晚上,我们有了一场争论。突然间,六个月来的第一次,她变得很情绪化。她说:"我不知道还能不能继续这样下去了。"而我第一次觉得，我们是真正在交流了。

她好像一下子都爆发出来了。我是说，现在回想起来，这好像很明显，但是当时我可是全无头绪，而正是因为我全无头绪，我好像很漠然健忘。她让我明白了，真是的情况是什么，与通过我的信念之窗看到的完全相反。我从詹尼佛身上学到了很多，现在我们做得好多了。我们不会让事情发酵太久，这是我们在婚姻生活中一直努力坚持做到的事情。

（詹尼佛）是的，我们按时梳理事情，我们在维持一种平衡。每隔一段时间，他就会开始要求我们帮他做一些他自己可以完成的事情。这时，我们就必须后退一步，对他说，"好了，现在你得开始自己做了。"很幸运，现在我不会再发脾气，而他也不会觉得自己受到冒犯，因为我们都想让对方快乐。如果我们中有谁不满意，那么我们彼此都愿意改变,改变我们原来所相信的,所期待的,改变我们为自己和为对方所做的。

我们是平等的伴侣,但是我注意到一件事,随着婚姻的继续,学习不同的事情,我们会有不同的经历。

我从没有想过自己会坐在载着轮椅的货车里驶向婚礼殿堂。我开着车,他坐在轮椅里面,在我旁边。那不是梦,不是青春期的女孩子会有的梦。我也没有被新郎抱着,穿过门廊,但是,我建立了一种生活——我们的生活,和我的梦中的人一起建立了它,伴着美丽人生中的起起落落。

(泰勒)我不认为我们的生活和别人的有很大不同。我不会每天早上醒来然后想着"我还是残疾人",也不会想着"生活里糟糕的事情都是什么"。我们每天早上起床,生活就是它本身的样子,我们接受生活。但是有时候,我们也会觉得无力,事情变得困难,当我们觉得有困难阻碍我们前进的时候,其实别人也一样,也会在自己的生活中遇到不同的困难。

我们要面临的挑战之一,也是家人要面临的挑战之一,就是大家有目共睹的——我是残疾人。我们有过很多次像下面这种经历。

我的大儿子四岁那年,有一天,他坐在我的大腿上,我为他读书。翻书时,我必须舔一下我的小指关节,让书页粘在上面,这样才能翻页。而这一次,我舔了手指,书页粘在了上面,但是翻页时掉下来了,我又舔了一次,然而它又掉下来了,第三次,还是掉下来了。这时,我那四岁的儿子抬起头看着我说:"你什么也做不了。"我知道,自己当时确实没有马上控制局面,但是我还是对他说:"我能读书,你能读书吗?"

我的儿子又看了看我,一丝惭愧出现在他脸

上，"不会。"我说："OK，要不然你来翻书，我来读故事？"他觉得这个主意不错，就这样，我们共同读完了这本书。

然而，每个人的生命中都会出现类似这样的事情，需要我们做出决定。我确实愿意到后院里去玩接球，我也想去放风筝。天啊！我的儿子在学放风筝，街上其他孩子的父亲都在陪孩子放风筝。我儿子不会固定风筝线，他的风筝就会越飞越高，最后撞坏。他很沮丧，回过头来看到我坐在门廊上，说道："看，我只有这个轮椅里的家伙。"

我给别人讲这个故事的时候，他们都会惊叹道："哦，天啊！"好像我儿子把我塞到了车轮下面，好像那是一个人能够说出的最无礼的话。但当时，我只是说："到这儿来。"他来了，我找到了办法，帮他固定了风筝线。他看着我，神情好像在说："好吧，你有些事情还是挺棒的。"在我们生活的世界，

> 人们总会觉得受到了冒犯。如果我对自己的残疾或其他事情过于敏感，我可能在车祸当时就结束了自己的生命，也就不会有后来的生活。但是，我们选择了另一条路，它促成了所有的改变。

泰勒和詹尼佛有五个孩子。泰勒现在是一位极受尊敬的财务部门经理，詹尼佛成了她梦寐以求的全职母亲。他们俩在一起，做着他们心中最重要的事情。

还记得《夺宝奇兵》中的印第安纳·琼斯吗？对于信念鸿沟而言，圣杯所在的岩洞代表着正确的准则。裂谷边缘的岩壁代表你所信任的理念。当你跨过裂谷，你所相信的理念与正确的准则融合，成为确实正确的信念，到那时，你就获得了内心平静。

Chapter 2
The Values Gap

第二章　价值发现时刻：你最珍视什么？

· The 3 Gaps ·

· 回归核心价值 ·

在这个打了鸡血一样的社会，不难陷入一种"穷忙"的生活状态：你还没有反应过来，时间已经飞走了，而当你回顾曾经，会觉得你生命的一部分也已经消逝了。

通常情况下，你不会有这种感觉，直到重大事件发生，比如孩子离家自立、心脏病突发、经历离婚、企业问题加重、经济急速下滑、孩子极度叛逆，或是目睹你曾相信、信赖或熟悉的事物毁于一旦。时间仿佛在那时停滞了，于是你停下来，开始自我反思。

当你身处此类情境时，你会痛苦地察觉到，在你最珍视的事物与你的实际行动之间，有一道鸿沟——价值观鸿沟。比较一下，你的时间、精力和资源都花费在哪里？而你其实想要将它们花费在哪里？在"保持老样子"和"做最重要的事情"之间，就是价值观鸿沟。

回顾过去，你也许纳闷为什么自己和你所计划的大相径庭，却从未发现，或是疑惑自己究竟有没有做出更多一点的改变。如果有一种方法，能够让我们更经常地审视自己的生活，又当如何呢？如果我们能够积极地提前准备好，而不是事后才反思，我们的人生会怎样？换句话说，如果你能够决定自己的人生，而不是让生活替你做决定，那么生命又会是怎样一种风景？

拥有带着明确目标的生活，关键在于理解价值观鸿沟。先来理解这一事实，即我们每个人都有一套"核心价值"。这一套价值观能够决定对你而言最重要的事情，并最终主导你生活的方方面面。

> 核心价值简而言之，就是一个人最珍视的事情。

你的核心价值理当对你而言极其重要，你会将时间、资源和精力大量投入其中，让它成为你生活的基础部分。

要谨记，只要你所珍视的与你所做的事情之间出现了鸿沟，你就会感到痛苦。例如，如果你珍视健康，但是体重300磅，在你所珍视的与你的行为之间就出现了一道鸿沟，因此你感到痛苦。如果你珍视财务稳定，却背着50万美元的债务，你同样也会感到痛苦。

如果你想要在这些价值取舍之间获得内心的平静，就必须弥合价值观鸿沟。

生活的琐事分散了我们的注意力，我们并没有意识到自己的价值观所在，从而离自己想要的生活轨道越来越远——并且往往不曾注意到这一事实。我们在对自己并无真实价值的事情上投入时间、资源和精力，然后，当重大事件发生，我们才后退一步，明白自己已经犯下了错误。这时，我们会觉得受到了深深的背叛。

· **找到最珍视的事情** ·

弥合价值观鸿沟——它横在你最珍视的与实际行动之间——能够让你对周围的世界做出有效的改变。

做到这一点，要经过三个简单而必要的步骤。

第一步：找到你的核心价值。让我们先来一次简单的练习，四十年来我用它帮助人们发现自己真正的核心价值所在。我将其称为"工字钢体验"，它只是个开始，虽然并不能识别出所有你所珍视的事情，却能帮助你开始一次发现的旅程。

我已经与世界各地的观众分享了这一概念，在我们开始之前，我要告诉你，他们的反应基本是相同的。我在公共研讨会上讲授这一概念时，往往会请一名有两岁以下的孩子的观众来帮助我说明，我会和这位观众一同完成余下的研讨会。你可以把自己也当成是研讨会上的一名观众，让我暂且称呼这位来帮助我的观众为乔治。

"乔治，你的孩子两岁了，他叫什么名字？"

"麦迪逊。"乔治回答。

"OK，现在我要问一些问题，通过你的回答，我们将会发现你的核心价值中的一项。

"假设楼外面现在有一根工字梁，有300英尺长，比一般的工字梁要长很多。工字梁是一种建筑钢材，用于建造摩天大楼等大型建筑的框架。这种钢材从一头看上去像一个'工'

字。如果你把它翻个面，看上去像是大写的H。我现在将你放在这段工字钢的一头，我自己在另一头。"

我从口袋里掏出100美元钞票，对他说："乔治，如果你能在两分钟内从这段工字钢上走过来，不碰到地，我会给你这100美元。"

乔治犹豫了一分钟。

"它摆在地上。"我提醒他。

"是的，我当然可以。"

"好，但是我们现在要稍稍改变一下，我们来把工字钢平放在一辆长卡车上，将它载到大峡谷的北边，那里有一道300英尺宽的裂缝，有1160英尺深。我们把这段工字钢架在上面，非常安全，它能承受好几吨的重量。当然，由于延展性，可能会有一点点弯。天上下着雨，不太大，只是有点密。风速每小时40英里。

"乔治，你在裂缝的一侧，我在另一侧，我在风雨中对你喊：'如果你能在两分钟之内跑过来，我给你100美元。你会来吗？'"

"不会！"

"好的,现在我有10000美元,新钞票。只要你跑过来,钱就是你的。你会为了10000美元跑过来吗?"

"不会。"

"那么如果是5万美元呢?不需要交税。你只需要和刚刚在人行道上做的一样,走上300英尺,你会为了这5万美元冒险吗?"

乔治犹豫了一下,然后回答说:"不,我觉得我不会的。"

"好了,让我们再来换个场景。我现在有100万美元,雨下得更大了,风速达到60英里每小时,但这是100万美元啊,你会为它冒险吗?"

现在乔治开始考虑了,"有什么安全措施吗?"他问道。

"没有。"

"工字钢有多宽?"

"6英寸。"

"刮着风下着雨?"

"是的。"

"不,我觉得我不会的。"乔治说。

我说,"好,我们再换一次场景。我不会那么慷慨了,乔治。

我抓着你两岁的孩子麦迪逊。我抓着她的头发,将她吊在峡谷边缘。如果你不马上跑过来,我就松手了。你会来吗?"

他马上回答:"是的,我会!"

这就有意思了。我们刚刚发现了乔治的核心价值之一:"我爱我的孩子。"安全感是有价值的,金钱也有价值,但是更宝贵的是对孩子的爱。乔治会冒着生命危险在风雨中跑过峡谷上方的工字钢,因为他爱女儿。这就是核心价值的意义。

有一次,我在一位女士身上尝试了这个工字钢体验,她有一个正值青春期的女儿。这位女士并不愿意为了她跑过工字钢。

当我们坐下来,辨识我们的核心价值,也就是我们生命中最重视、最热爱也最重要的事情,我们必须问自己下面这个问题:

> 我会为了什么跑过那段工字钢?

到底是什么价值、理念、准则或是什么人,对你而言如此重要,能够让你去冒险,甚至献出一生?后者比普通的冒险更难以做到,因为它需要投入很长时间。

20年前,我在香港的一次演讲中进行了"工字钢体验"。我请一位观众上台,这个男人有一个两岁的孩子,来自印度。我向他描述了场景——工字钢放在地上,问他:"你会为了100美元跑过去吗?"

"不,我不会。"他回答。

"等一下,"我说,"它就放在地上,为什么你不去赚取那100美元呢?"

"我不为钱做那种事。"他说。

"好吧,看来我找错人了。"

坐在他旁边的人有一个两岁的女儿,因此我问他是否会为了100美元跑过一段放在地上的工字钢。他说他会的,于是我请他帮我完成余下的体验展示。

当我开始谈到要他在跑过工字钢和失去两岁的女儿之间做选择时,之前那位印度来的男人坐不住了。于是,在后来上台的那个表示他一定会去救他的孩子之后,我又看了看那位印度来的男人。

我问他:"那么你呢,现在你会跑过那段工字钢吗?"

"该死的,我当然会。"他说,"而且,等我跑到另一端,我会杀了你。"

观众们都笑起来。

工字钢体验会调动你的情绪,进而发现自己。现在,你必须问自己:我会为了什么跑过那段工字钢?什么对我而言才是重要的?这就是开始。

第二步:写一份明确陈述,写出你的核心价值对于你的具体影响。当你发现并写出你的核心价值——对你最重要的事情——之后,写一份陈述,表达出它们对于你的生活究竟意味着什么具体做法。

一位参加过我的研讨会的人发给了我他的陈述,可以作为例子。在她的核心价值中,其中一项是健康,对此她做了如下陈述:

健康

我每周健身3次。

每周最多吃一次快餐。

提升周末时间的利用质量。

更多地大笑或微笑。

我能够识别并减少压力来源。

另一位参加者则给出了完全不同的陈述：

我增长智识。

我带着开放的心态倾听别人的谈话，并从中吸取能够提升自己的观点。我读与我的生活各方面（工作、孩子、周围世界）相关的材料，并尝试内化有价值的思想。我寻找获得正式教育的机会，希望能够帮助我学习和成长。对于公司部门和整体的一切，只要能够提升能力，让我做得更好，我都愿意学习。

你可以看到，明确陈述并没有什么"正确"的方式，只要能够表达出核心价值在你生活中的体现就可以。

第三步：排列顺序。现在，为你的核心价值排个序，列出它们对于你的重要程度。这一步极为重要，也许是你所完成的最重要的清单。从下面这个故事中，我们能看出为核心价值排序的重要性。

1925年，赫尔曼·克兰纳特住在印第安纳波利斯，是塞夫顿集装箱公司的一名高管。一次，他应招去芝加哥总部，同公司的总裁一起吃午饭。由于这是他第一次收到这类邀请，因此非常兴奋。

吃午饭时，总裁对他说："赫尔曼，我将在今天下午在公司宣布一件事情，会影响到你的人生。我们要提拔你为高级副总裁，你将成为董事会的新成员。"

赫尔曼吃了一惊。他回答道："先生，我从未想过会有这种机会，我希望您知道，我会是公司最忠诚的员工。我将为这家美国最好的公司奉献一生。"

总裁很受打动，说道："你知道，赫尔曼，我很高兴你提到了这一点，因为还有一件事你得记住，作为董事会的成员，你得完全按照我的意思来投票。"

赫尔曼的兴奋度没那么高了，他说自己不确定能够做到这一点。

"来吧，赫尔曼，商业就是这个样子。我把你放在董事会里，你按照我的意思做事，明白吗？"

赫尔曼越想越觉得愤怒。午餐结束后，他站起来说道："我希望您能够理解，我不能接受这次晋升。我不想成为任何人在你董事会的傀儡。"他又加上一句，"不仅如此，我觉得我也不想为有这样要求的公司工作了，我辞职。"

当晚，他回到了印第安纳波利斯，对妻子说："我想你知道了今天发生的事情会很开心，我被提升为公司的副总裁，成为董事会成员，然后我辞职了。"

他的妻子问道："辞职了？你疯了吗？"听了他的解释之后，他的妻子理解了他，并支持他的决定，"我想我们得找点别的事情做了。"

四天之后，有人来敲门。公司的六名高级管理人员一起来到他家，他们都很兴奋："赫尔曼，我们听说了那天的事情，觉得那是我们听过的最棒的事。我们也辞职了。"

"什么意思？你们也辞职了？"赫尔曼问道。

"是的，我们也辞职了，还有个好消息，我们想来为你工作。"

"你们怎么为我工作？我连工作都没有。"

"噢，我们知道你会找到事情做的，等你找到了，我们就来为你工作。"

那天晚上，这七个人坐在赫尔曼家的餐厅里，创办了内陆集装箱公司。这家公司后来成为拥有几十亿美元的商业帝国，而这一切，都是由于1925年的那一天，一个男人不仅知道他的核心价值是什么，还清楚它们的主次顺序。其中一项是忠诚，另一项是正直，而他将正直排在了忠诚前面。如果二者在他心中的顺序颠倒，他又将拥有怎样不同的人生呢？

你的个人原则

现在你明白，分清核心价值的主次为何能够成为弥合价值观鸿沟的最重要步骤了。美国宪法对于美国人的意义在哪里？我们的价值体系以明确陈述的形式表现出来。没有哪部美国法律能够在违背美国宪法精神和我们的开国先父们的意愿下获得通过。

经过了以上三个步骤——识别，明确，排序——你获得了什么呢？你已经写出了你的个人原则。在这份核心价值清单里，你会列出哪些事情呢？

首先，让我们明确一下：我不会告诉你，你的价值观应当是什么，那是你自己的事情。然而，我可以告诉你的是，你已经有了一些价值观。授课四十年来，我已经发现，有五六种价值，我所接触的成千上万的人通常会将其置于最重要的位置。

其中包括：

- 家人和人际关系
- 身体健康
- 良好的财务状况
- 教育
- 正直
- 做出贡献

几乎每个人都同意，以上至少有一些已列在自己的核心价值清单里。如果你的清单里也包括其中一项，那么就从这里开始吧。

继续完成

你已经识别、明确了自己的价值观并排出了先后顺序，那么，思考一下你最珍视的价值与你的实际行动之间的鸿沟。你是如何实践着自己的价值观？从今天开始，你将做出哪些改变，来弥合生活具体领域的鸿沟？

工字钢体验是一个过程的开始，在此过程中我们会识别出对我们最重要的事情。诚然，这确实有一些压力。当我完全坦诚地面对自己时，我意识到，这些事情固然对我非常重要，但并不是每一项都会让我甘冒生命危险去获得。不过，我的确会为了其中一些甘愿付出生命——尤其是与我的家人有关的事情。

在附录中，你会看到我自己的个人原则，由14项核心价值组成。它们只是用来说明一个例子，而你自己的个人原则也许会同我的完全不一样。

注意，我在陈述和解释我的核心价值时，用的是个人主张观点。我不是完美的，而且我也没有实践我所有的价值观——至少现在还没有。但是我发现，提醒自己希望这样做，对我很有帮助，因此，我写下我的价值陈述，如同我已经在它们与我的实际行动之间达到了和谐。

这种和谐将我们引领到内心平静，也只有当你深刻自省，意识到对你最重要的事情时，你才会获得这种和谐。如果你没有这样做，那么你所生活的世界将是被动反应的，而并非积极主动的。而处在被动反应状态的人，往往会失去对生活的控制。

如果你想要弥合价值观鸿沟，先问问自己，

> 我会为了什么跑过那段工字钢？
> 什么对我而言最重要？

花点时间，去识别和明确你的核心价值，并为之排序。做一次郑重的承诺，写下你的个人原则。

如果你想更进一步，请你的伴侣，或是对你而言意义重要的人也写一份，请你的整个家庭写下一份个人原则。然后，停下来思考，和他们一起找到内心的平静。

· 琳达·克莱门斯的故事 ·

2013年，在达拉斯的一次专业的女性问题会议上，我遇到了琳达·克莱门斯。聊了几次之后，我们成了好朋友。从那时起，我们就一起合作，在很多场合做专业演讲。

琳达是一名非洲裔美国人。她称我为"来自另一个母亲的兄弟"。我同意这一说法。我们之间有很多共同点，包括很多理念，也包括想要改变世界的热切愿望，更包括在弥合价值观鸿沟上的经历。

1996年7月4日，琳达在印第安纳波利斯的WTLC广播做完了早间节目，那天上午晚些时候，她接受了一个小手术，但是由于手术中出现了问题，她一多个月都没有恢复知觉。当她从昏迷中醒来，琳达看待世界的信念之窗改变了。她开始更多地思考和讨论这些问题：我是如何对待我的生命的？我应当如何对待生命？我最珍视的事情是什么？我在生活中实践这些最珍视的事情了吗？

琳达思考了她在昏迷之前的价值观，没有觉得生活中有什么鸿沟，因此并没有想太多。但是，直面自己的品德，让她开始认真并虔诚地思考她的核心价值。

琳达与我分享了这一探索过程的结果——她将已何种方式度过未来的人生。她说："在思考了人生最重要的事情之后，我发现自己所珍视的是信仰、家庭、悲悯、诚实、正直、爱情、仁爱、承诺，还有坚持到底的勇气。"

虽然琳达从昏迷中醒来之后才开始真正探索自己的价值观，但是这些她看重的品质早已经塑造了琳达这个人，并影响了她对待生活的态度。

在这里,琳达用她自己的话讲述了她所学到的。

(琳达)我是家里四个孩子的老大。在成长过程中,对我影响最深的人——让我成为现在这个样子并希望为之继续努力的——是我的母亲和外祖母。她们都是辛勤工作的女人。她们为所得的一切工作,虽然有时所获并不多,但是她们让我们知道什么才是对生活最有意义的事情。

正像我所说的,我们并不富有。这意味着我们必须做出艰难的选择。我记得有一年,那时我们还小,妈妈对我们说我的小弟弟需要一件新外套。我参加了学校的一次卖糖果比赛,奖品是一辆自行车,但是获奖者可以选择换成现金。因为我弟弟太需要一件外套了,于是妈妈要我把奖品兑换成现金,用钱去买外套。你可以想到我的沮丧。

我记得，妈妈用那一次的事情，以及其他艰难的时刻，教会了我一项重要的价值观——渗透在我一生和我的灵魂中的每一天。

她教会我，有太多人生活在"快餐队伍"中，希望马上拥有想要的一切，这种愿望正在毁掉他们的生活，也毁掉他们的未来。我妈妈和外祖母教会我，对于拥有"刚刚好"的东西要感恩，并找到快乐。直到现在，每当我想到没有拥有什么东西时，或是没有如我所希望的那样受人重视和褒奖时，我会听到她们的声音，穿过多年的时光隧道提醒我，我是幸运的，受到祝福的，因为我拥有"刚刚好"满足真实需要的东西。

我学会了，比起礼物，更珍视把礼物给我的人，并认识到他们的付出——无论那是我的母亲、外祖母、上帝或是其他人——更值得珍视的礼物是：他们为我付出，而不是我实际从他们那里得到的东西。

　　我的母亲和外祖母将我从迅速满足欲望的"快餐队伍"中拉回来，提醒我关注"刚刚好"的事情，并为给予者感到欣喜，而不仅限于为得到礼物而高兴，我理解了愿望的延迟满足所拥有的力量——比如不急着要自行车，这样我的弟弟就可以穿上暖和的衣服。

　　作为一个专业的成年人，并负责引导和提升他人，童年的教育和它们形成的价值观在很多次发挥了重要作用。我引导他人重视等待，为所拥有的生活祝福感恩，并认识到"刚刚好"实际上已经比很多很多人所拥有的要多得多，在这些时候，它们都起到了帮助作用。

　　一切从一件外套开始——学会珍惜"刚刚好"的一个契机，让我更加关注给予者，迟到的愿望满足，并且坚信我真正需要的东西会在合适的时机出现。这就是我的早期经历所建立起的个人价值观，并将陪伴我走过整个人生。在很多时候，它们都极为重要。讲述我自己的故事和实践价值观的经历，帮助了其他人获得了同样的体会——也是我母亲和外祖母教会我的，她们为自己珍视的事情付出了极大的个人牺牲。这些价值观也让我有了洞察力。

草头娃娃

在我们的一生中，很多事情都会改变，尤其是媒体。草头娃娃广告（尤其在圣诞季）大概属于不会变的那些吧——事实上是挥之不去。那些卡通造型、小动物，甚至是政治人物的黏土脑袋，每一个都需要在水里泡一夜，然后全身盖上土，撒上种子。如果水分恰当——不多不少，种子就会发芽，为娃娃造型加上一层可爱的绿衣，为原来生硬的黏土人带来柔软的自然美。这就是草头娃娃：从无生命的黏土到生机勃勃的绿色——只要几周时间——照料得当即可。

我觉得，那些小小的、等待发芽的种子，正代表着我们的价值观。在每一颗种子里，都蕴藏着生活的潜能，只有照料得当才会发芽生长。如果我们的价值观只是想法，或是停留在纸上，它们就会一直是种子——具有弥合生活中的鸿沟的潜力。但是，如果我们希望它们发挥作用，帮助我们真正弥合鸿沟，我们就必须照料它们，浇水施肥，帮助它们在我们的生命中发芽。

有很多方式可以培养我们的价值观，让它们在生活中实现。的确，我们可以靠自己的力量，通过思考和努力来完成。然而，根据我的经验，如果有其他人的参与，共同培养这些价值观的生长，种子就会更早发芽，更快生长，也更能够成为我们生活中持久和活跃的一部分。

　　家人是培养这些价值观的一个关键。我的母亲和外祖母给予了我早期价值观的框架：力量、韧性、信仰以及努力工作。她们不仅与我分享经历，也分享这些品质所具有的意义。她们让这些品质深入我的灵魂。家人不仅养育我们的身体，也塑造我们的灵魂。家人不仅帮助我们生存，也帮助我们学会如何成长——如何解决为晚餐时间到了而食物不够的担心，或是解决延迟实现的愿望带来的困扰。

　　但是，如果一个人没有家人，又当如何呢？如果他来自不健全的家庭——无法解决生存问题，甚至存在残忍和虐待，怎么办呢？谁来为孩子的价值观和渴望浇水施肥？我这一生都同来自不完美家庭的人在一起，也见过家庭其他成员伸出援手帮助孩子弥合鸿沟——外祖母帮助被丈夫抛弃的母亲，祖母帮助失去妻子的父亲，失去双亲的孩子由祖父母养大。我还见到过其他成员——姨妈、叔父、表亲、邻居、牧师和神父，甚至社区领导人物——以正式或非正式的方式帮助孩子弥合鸿沟。我见到过他们抚养孩子——并非只是满足他们的生存需要，也满足他们内心的深刻渴望，实现他们的梦想，找到他们所珍视的，并为之努力。

家人是上帝派来的守护者。伸出手，成为某人生命中的一部分。帮助他人找到自己的方向，找到他们珍视的东西，引导他们度过人生的起起落落。如果你有幸拥有帮助并引导你的家人，也可以成为某个没这份幸运的人的家人，那么，你的人生也会是幸福的。

当你成为某个人的家人时，你将自己所珍视的事情带到他的世界中，也带到整个世界。当你播撒出善良，它就会传播、生长、改变人的生活。这是获得内心平静的最重要环节之一——释放你的价值观，通过为他人提供服务来实现。当人们被抚养时，他们被认可、接受和肯定——还有被爱的需要就得到了满足。当他们听到"你很聪明，你是个好人，你很努力"的时候，他们会开心，而植根在这些陈述中的价值观就会塑造他们的生活。

当然，事情的反面也成立。这些价值观需要得到重视和恰当的照料。还记得草头娃娃吗？如果你将草种混乱地洒在上面然后置之不理，它们会干燥枯萎，生活将会如何？如果人们被孤立，如果他们珍视的事情没有得到照料，他们也会死亡——首先开始在内心死亡，而内心是所有美好的意愿开始的地方，也是分享善举、做出贡献的愿望开始的地方。

现在，并不只是其他人需要浇水施肥。我们中有些人自己也正在内心慢慢死去。有些人需要发现，或是重新发现自己所珍视的价值。有些人受到了伤害。生活对于有的人并不温柔，有时甚至是残酷，在与残酷抗争的过程中，我们同内心的自我失去了联系，或是不再相信自己。

当你处在一个幽暗恐怖的深坑底部，你会不惜一切爬出去，回到光明世界。工字钢可以帮助你爬出去，帮助你摆脱此时的黑暗。想一想，你会为了什么跑过那段工字钢？然后爬上去，开始前进。在这种情况下，它也许不是一段放在地上或架在峡谷上方的工字钢，也许它是带你爬出深坑的梯子。无论它是什么，你都得爬上去，战胜恐惧，用你最珍视的事情，带你向上，爬出深坑。

透明天花板

我的一位朋友最近有机会在组织中打破透明天花板——得到一个主管职位，由于她是位女士，有几年无法得到这个职位。选拔过程顺利进行。当时还有另一位竞争者，也是位女士，但是我的朋友很自信，觉得自己有实力获得这个职位。

一天，另一位竞争者找到我的朋友，向她咨询一些隐私的个人建议。在咨询时，这位女士谈到了她个人的一些事情，一些负面的事情，可能会影响到她在这个职位上的竞争力。虽然这些事情不一定会从法律或是伦理上影响到她的升职，但多少会让决策者考虑将她排除在外。

我的朋友面临着一个抉择。她可以有意无意地将这些事情透露出去，甚至对话发生时她都不必在场。或者，她也可以将这些事情保密，从而有失去这次晋升的风险。

她什么也没说，另一个女士得到了晋升。几周以后，我和她谈起这次晋升失败，才知道了上述整个事情。我们讨论了她过人的勇气和品质，讨论了她对保护他人隐私的重视以及对他人信任的重视，我们知道，正是对这些价值观的实践让她付出了工作的代价。

几个月以后，我这位朋友打来电话，已经不再伤心，她对我说："你相信因果报应吗？"我很吃惊，问她："怎么了？发生了什么事？"然后，她给我讲了她新的升职经过。在"打破玻璃天花板"失败之后，她又有机会竞争另一个高级管理职位，并成功获得晋升。这个职位更好——有更多的责任和机会，也有更好的职业回报。并且，这个职位也让她能够更好地处理与家人、朋友和个人之间的关系。

故事还没有结束。不出一年，她第一次竞争失败的那个职位被取消了，而她现在的岗位被保留下来，直到现在。

在她第一次竞争失败的那天，我问过她的感

受，本以为她会沮丧、失落、悔不当初。她的确有一些，但是，那天她和我说过的其他事情我到现在还记得。

她没有使用"内心平静"这个词，但这确实是她的意思。她谈到了觉得自己做了正确的事情，保护了别人的隐私，尽管让她付出了升职失败的代价，但她依然觉得这是值得的。你能看出，总是有某种形式的回报，即使当你正在追寻的被夺走了。而另一种回报往往就是我们所说的内心平静——你所看重的和你在此刻的选择融合了，而且你知道，无论结果如何，你做了正确的事情。

女人的价值

作为一个每天和女性工作，为女性提供咨询，并指导女性的女人，我了解女人的一些事情，它们是我从和女人的交流中学到，并运用医学知识总结的。普遍的一个事实是：女人确实更容易沮丧，因为她们不能够让事情自然发展。执着于某件事可能会引发问题，因为不愿让事情自然发展，我们就会专注于那件事——无论它是什么，然而，我们所专注并思虑最多的事情，会成为对生活影响最大的事情——好的影响和坏的影响都是如此。

每天，我都告诉女性朋友们，与其执着于已经发生且无法改变的事情——没有效果的，不公平的，不正确的，她们应当将精力投入到最基础的价值观当中，也就是尽自己的全力。我用这句话帮助她们理清价值观：你已经足够好了。我提醒她们，她们需要榜样，尤其是当我和女孩子和年轻女性谈话时（她们也许更关注外部的榜样，而并非内心的品质），我提醒她们："你并不想要穿上她的鞋子，而是想有她走路的气质。"

我们所有人，包括男人和女人，都需要放手，停止执着于那些会破坏内心平静与生活品质的事情。我们需要专注在能够推动我们向前，提升我们自身的价值观上。而一旦我们回到了上升轨道，我们就需要加入一个新的价值观——关心他人并帮助他人。我将此称为："当你在上升时，退后一步，举起下一个人。"

马丁·路德·金博士曾说过："任何领域的不公都是对每个公正领域的威胁。"如果我们不实践自己的价值观，向前，向上，我们就在自己的生活中制造了不公，由此，也就阻止了我们向他人伸出援手——这样也就延伸了不公。

另外，如果我们能够放下过去，专注于我们珍视的事情，继续前行，那么我们就将自己解放出来，能够托起他人向上，不公也就让路给公正，恐惧让路给希望，悲惨的过去也就让路给光明的未来。

这一行动起始于我们的个人选择，可以在家里，也可以同家人在一起。然后，它会传播至整个社区、国家乃至世界。如果个体选择成为生活大池塘的涟漪，那么它们就会扩散，从而使他人得到提升。

如果我们每个人都承诺，努力弥合我们所珍视的与实际行动之间的鸿沟，我们将开始感受到内心平静，并且在这一刻，开始帮助他人实践他们所珍视的品质，弥合他们生活中的鸿沟。这是古老的"提前支付"理念，就像买车交税一样。如果你高风亮节，那么你就树立了榜样，为他人做出正确的选择——实践他们的价值观并弥合生活中的鸿沟——提供了机会和挑战。

有目的地生活，根植于你真正的价值观，它会改变你，让你成为更好的人——为你自己，也为身边的所有人。我一直在这样做——每年都比

> 之前更好——从我还是个小女孩的时候起,就学会了,要为我弟弟得到新外套而欣喜。

再来想想印第安纳·琼斯。对于价值观鸿沟,裂谷对面的岩洞代表着你的核心价值,你生命中最珍视的事情。你所在的岩壁代表着你的实际行动。只有当你的行为离你最珍视的事情越来越近,你才能体会到内心平静。

> 只有当你的日常行为与你最珍视的事情和谐一致时,你才真正获得了内心平静。

Chapter 3
The Time Gap

第三章　时间管理时刻：你内心想要完成什么

· The 3 Gaps ·

· 思考效率差异 ·

我做过许多演讲和研讨会，讨论如何高效能地生活，人们往往会带着憧憬说道："真希望我生活在100年前，那会儿的人们有更多的时间。"

对此，我的回答是："是吗？100年前他们比我们多拥有多少时间？"

对方通常会说："嗯……他们的时间比现在多很多。"

我思考了普遍存在的对更多时间的渴望，然后发现，在时间的多少上，现在和100年前的唯一区别在于：我们现在比过去在利用时间时拥有更多的选择，因为我们可以更快地完成很多事情。比如，有了现代化的家用电器，100年前需要几天的劳动，现在只需要周一早上的几小时就可以完成了。我们过去会花上两三个小时做晚餐，而现在只需要二十分钟。

100年前，发达的技术已经缩短了跨越北美地区所需的时间。过去，乘坐马车走完全程需要3个月。现在，从纽约到旧金山只需要4.5个小时，飞行速度每小时600英里，我们还可以在飞机上吃晚餐、看电影。

过去的远程通信标准模式，现在成了蜗牛速度。今天，我们可以通过手机短信、电子邮件或是Skype与世界上任何地区的任何人即时联系。计算机运转的速度正闪电般飞速提高。事实上，现代社会在每一件事情上都要求速度。

一位参加研讨会的观众告诉我："我觉得自己好像在一个压力锅里。每当你给他们一个奇迹，他们明天就还想要一个。有时候我会觉得，自己在用所有的时间来满足所有人的需求，除了我自己的。"

过去，在觉得压力过大时，我们会逃离到一个安静的地方，或是离开办公室，在开车回家的路上享受宁静的个人时光。但是心在，通讯工具让我们无处可逃。移动设备让汽车成了办公室的延伸，我们在车里处理业务，解决问题，回复领导，答复代理，列购物清单，否则就继续承受无休止的压力。

然而实际上，我们的生活确实发生了各种变化——无论我们是"婴儿潮一代""X一代""千禧一代"，还是被冠上某个名称的下一代人，有一件事是永远不会改变的，那就是我们所拥有的时间。

我们现有的生活就像是害了热病，祖先传给我们的每日24小时没有变，一周总是有7天，每天有24小时，公元前1400年前如此，公元1400年如此，现在也是如此。唯一改变的是，我们试图在同样的时间里塞进更多的事情。我们已经从生存活动中解放出来，既可以选择用无意义的活动和事件填满时间，也可以选择将时间花在对我们最重要的事情上。

这个选择就是时间鸿沟的源头（有时也称为"效率鸿沟"），它处在你真正想花时间做的事情与你实际投入时间做的事情之间。做出最好的选择，弥合时间鸿沟，我们需要理解一下三个准则：

1. 事件控制的概念

2. 每日计划的力量

3. 管理计划的原则

当你掌握并运用这三项高效能产出准则时，时间鸿沟就开始缩小了。

事件控制

很多次,在研讨会开始的时候,我都会请一位参与者来定义时间。回答者往往先是茫然地看着我,然后给出"时间就是金钱""时间是钟表""时间就是一天中的24小时"之类的答案。这些回答都不够准确。阿尔伯特·爱因斯坦曾经对时间作了如下定义:

> 时间就是一个接一个连续事件的出现。

每件事都是一个事件:走进房间是一个事件,刷牙是一个事件,开车去上班也是一个事件。这些事件依次出现,就构成了时间。我在美林银行授课时,有人递给我一张卡片,上面写着:"时间让人将事情一件一件织成一串,而不是将所有事件一下子织在一起。"

许多词典中,"管理"的定义往往包括控制行为。那么,时间管理又是什么呢?

事件控制的行为

现在,问题变成了:我能控制的事件有哪些?让我们来看看控制的模型。

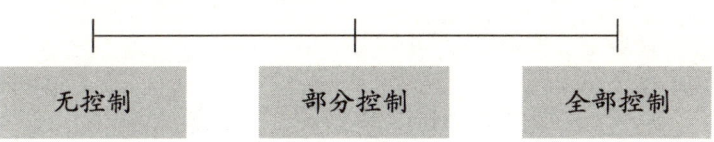

模型的最左边一栏代表着你无法控制的事情;最右边代表着你能完全控制的事情;中间一栏代表余下的事情——你对这些事情的控制程度会发生变化。

现在来思考一下模型最左边的一栏。你完全无法控制的是哪些事情呢?是死亡,交税,还是交通状况?举出几个例子,想想你在遇到这些事件时的感受:是沮丧,压力,焦虑,甚至崩溃?在这一栏里,你的感受并不愉快。至少当你失去对事情的控制时,你很可能会觉得不快。

很久以前,我有过一次有趣的经历。那是我第一次乘坐滑雪缆车。我和妻子没有受过任何训练就去滑雪了,就那么登上了缆车。来到半山腰时，我发现对面回来的缆车都是空的，于是问我的妻子："你准备怎样下山？"她看着我，没有回答的意思。很快我就反应过来，下山的唯一方法是滑下去。真希望有个视频能记录我从缆车里出来的情景，谈不上有一点控制度。我体验到了上述种种感觉，外加上疼痛。失去控制的感觉可一点都不好。

现在，我们慢慢从模型的左端移到右端。右边一栏代表着完全控制。想一想，有哪些事情你能够完全控制呢？起床时间，穿什么衣服，对于别人的态度和选择的反应，吃什么食物，等等。注意，所有这些事情都有一个核心：你。你能100%控制的只有你自己，其他所有的事情，要么是部分控制，要么完全无控制。

运用控制模型来对事件进行分类，你可以决定自己的反应，来应对你所遇到的事件。能够控制事件的人，就能够开始弥合生活中的时间鸿沟。通过更好地利用时间，他们想要投入时间的事情与真正花费时间做的事情也就越来越相近。

我们越能够掌控自己可以控制的事情，就越能够感受到内心的平静。

理解了事件控制的概念，你就可以准备开始每日计划了。

· 魔力15分钟 ·

管理我们能够完全掌握的事情，每日计划是一个关键。想想前10天，问自己一个问题：我每天花几分钟来正式规划那一天的活动？

洗澡的时间不算，运动和开车的时间也可以排除在外，虽然它们可以成为不错的思考时间，但这里我们讨论的是正式的规划时间。在这段时间里，你要坐下来思考，不仅思考当天的活动，还要思考你的价值及其优先顺序于当日活动的关系。

虽然一天只有24小时，但是这24小时却可以产生杠杆效应。投入一点点时间，做每日计划，会让你这一天余下的时间更加有效率。每日计划就是一个杠杆，投入很小——每天只要10~15分钟，但是全天都会受益，包括截止时间明确的清晰任务规划，对于重要任务的更多关注，项目之间的过渡时间更少，还有一天结束之时所获得巨大成就感等等。难道不值得为这些结果花上几分钟时间吗?

《把事情完成》(*Getting Things Done*)的作者艾德温·C.布里思说过:"我们花在项目计划上的时间越多,所需要的时间总和就越少。别让今天的忙忙碌碌从时间表上挤走你的规划时间。"

在《高效能人士的时间和个人管理法则》一书中,我引入了"魔力三小时"法则,理论上讲,就是一段不受任何干扰的时间,在此期间你能够全身心地专注于任务本身。"魔力三小时"也许是在深夜,也许在清晨,或是在其他时候,只要你准备好了开始当天的高效工作。"魔力三小时"可以包括生理锻炼,或是研究核心知识,然而每日计划一定要囊括在内。

每天开始的时候,花上15分钟,认真做计划,如此一来,在你想要做的事与你实际在做的事情之间,距离就会消失。这15分钟会在你的生活中创造奇迹,遵循以下7个步骤,将会事半功倍。

第一步,找一个安静的地方。在这15分钟里,你需要全神贯注,因此,找一个安静的地方——不会被别人、邮件、电话、短信、微博等任何方式打扰的所在。

第二步，寻找灵感。花一点时间寻找灵感和启发，可以通过冥想、祈祷等方式进行，只要能够获得灵感来源。

第三步，审视价值观。在第二章中，为了弥合价值观鸿沟，我们已经找到了一系列价值观。核心价值是人生的核心，需要在日常生活中体现。

第四步，整合你的长期目标。要确保你为长期目标所做的规划，在短期目标规划中也得到体现。

第五步，列出约定事项。每个人，每个职业，每一天，都有待办事项。这些事情的时间是固定的，需要在特定时间做好。找出这些事项，并提前列出来。

第六步，列出任务。任务，也可以称为"待办事项"，它们的完成时间不是固定的——只要能够完成，当天的任何时间都可以。列清单的时候，要确保你当天的时间能够完成列出任务量，并且有时间做完每一项任务。我们很多人容易将时间安排过满，无法完成，结果我们被自己在开始做任务之前就被计划击败了，或是在一天结束之时觉得倍受打击，因为自己没能完成计划。

第七步，优先排序你的任务。最后这一步至关重要。即使是最好的计划也有可能泡汤。由于会有不可预料的事情出现，有可能我们在一天结束之时，清单上还有很多没有完成。但是，如果我们从最重要的任务开始，就可以感到欣慰一点，因为我们已经完成的事情比没完成的事情重要。

以上，就是你在15分钟里要完成的7个步骤，做出每天的计划。

控制意外

有时候，即使你尽全力做了规划，还是会出现意外，打破你的全部规划。实际上，在21世纪，干扰和意外事件确实会消耗我们的时间，因为无论我们在哪里，都躲不过它们的触手。历史上从未有过这种现象，社交媒体、电子邮件、手机短信、电话等等，会不停带来预料之外的事情。

意外事件本身并无好坏之分，它们确实存在。然而，你在魔力15分钟里所做的规划也是如此。当有意外事件发生时，可以选择对其置之不理，继续执行你的计划，也可以选择调整计划，先处理突然冒出来的事情。

有些计划外的事件要求我们立即作出回应，比如医疗紧急事件，或是小孩子的突然需求等。而我们在其他意外事件上可以有选择的余地，决定是否要立即处理它们。

例如，一位同事走进你的办公室说道："嗨，给我15分钟，我得和你谈谈这个项目。"但是你正在为上司准备一份展示材料。你可以回答他说："你知道吗，我现在不能马上听你讲。一小时后你再来，我到时候就可以帮你做了。"这一次要求你付出时间的意外事件，就这样被你坚持原计划的决心拦住了。

分清楚什么是你可以不马上花时间处理的意外事件，什么是你需要放下手边一切来立即处理的事情，这一点非常重要。你在那一刻的选择决定了时间鸿沟会变得更宽还是更窄。

思考一下机会成本的概念。如果我给你1万美元，告诉你必须在接下来4个小时内花完，你会用它做什么呢？假如你决定用这笔钱来买一辆车，那么，在你决定买车的时候，同时还决定了不用这笔钱来买什么呢——除了车子以外的东西。因此，买这辆车的机会成本就是你将为了这辆车放弃购买的东西。

所有的时间都是一样的

在决定了花一小时看电视的那一刻,你实际上还决定了在这一小时里不做什么呢?其他的事情!

当你面临着一个抉择时刻,需要在你计划去做的事情与突然出现的事情之间做选择时,选择最符合核心价值的行为。这样做通常是正确的,而你个人的原则也会在这时成为一部活教材。

要做到这一点,也许需要你来重新确定信念之窗中的某些准则,重新思考你在过去24小时之内所做的事情。你可以参考下面这一条信念:

> 如果有预料之外的事件发生,最好的选择往往是最符合我的核心价值的,也是能够满足我的长期需求的。

关于时间,我们通常会有如下两种误解:

1. 我们认为可以得到更多的时间。
2. 我们认为可以用某种方式储存时间。

以上两种有可能是正确的吗？答案是否定的。当你听到有人说"我没有时间"，其实他/她并没有说实话。我们每个人都有相同的时间。我们实际要表达的其实完全不同。例如，如果有人找我一起去吃午饭，我回答说"我没有时间"，我也没有说实话。其实我要表达的是："我在这个时间有更重要的事情要做。"

弥合时间鸿沟

我们已经讨论过了时间鸿沟，其中包括如何在一天24小时之内完成我们最关心的事情，在事件发生时掌控自己的行为，每天投入魔力15分钟，分7个步骤完成每日计划。

最后，我们需要学会评估所作选择的机会成本。在意外事件和原计划行动之间取得平衡，做出符合核心价值的选择，满足长期需求，我们就会获得内心平静。

· 麦克凯伊·克里斯汀森的故事 ·

我认识麦克凯伊·克里斯汀森很多年了。他是一家市值上百亿美元,且仍在迅速成长的跨国公司总裁,受到雇员与共事者的尊敬。正是他本人弥合时间鸿沟的能力成就了这家杰出的公司。麦克凯伊的一大特点是自然流露的谦逊,下面是他的故事。

(麦克凯伊)十几岁的时候,我为一个善良慷慨的老板工作,他有好几家农场。在其中一家,我们种了草皮,切割好后堆在托盘上,运到附近的城市,那里新建的公司和住宅用它们来快速造出草坪。

一般来说,我们在深秋时种下草皮,第二年夏天收割。我们有自己的草皮收割机,将草皮挖出来,连带着下面约1英寸的土——为了保护草根。收割机会将草皮运到切割机上,草皮在那里会被切成三英尺见方的小块,两个工人等在机器后面,接住这些小块,将它们堆上托盘。收割机约有14

吨重，司机坐在前方，引擎就在他后面，堆草皮的工人站在后轮上方的台子上。

1987年7月5日，我和高中同学要在收割机后面工作，另一名同学在操纵收割机，还有一个同学在后面，负责用叉车运走我们从收割机上卸下的、堆好的托盘。

收割机从田地的一端开始移动，穿过农场内一块干燥坚硬的土地，时速3~5英里。我走在收割机旁边，和朋友谈论着当天的新闻。

我想要跳上收割机，坐在朋友旁边，但是由于判断失误，我只有一半身子搭上了平台，失去了平衡，一头栽在平台下面，刚好在两个轮子之间。

我马上又试图跳上去，但是我的高帮运动鞋被轮胎卡住了，我的腿被卷进去，倒在了地上。我意识到自己有大麻烦了。我倒在地上，刚好在车轮路径上，脚在前头在后，拼命向右前方抬起身子，想让我的脑袋离开机器的行驶路线。

　　我能感觉到，机器已经轧断了我的腿。抬起身子的时候，已经能看到轮子轧到了我的骨盆，发出诡异的破碎声。我从未感受过如此剧烈的疼痛。接着轮到我的后背和肋骨，车轮已经轧伤了我的肚子和胸口。然后，收割机奇迹般地将我翻了个身，从我的肩膀轧过，紧贴着我的脸和脖子，没有伤到我的头骨，否则我就会当场死亡了。

　　就在那时，缓慢行驶的收割机终于停下来了，我已经失去了知觉。当我再睁开眼睛，最先感受到的就是难以忍受的疼痛，并且有种溺水的感觉。我想呼吸，但是无法正常呼吸。我开始慌乱了：我不能说话，不能叫喊求助，即使我极其想要呼救。浑身每一处都疼痛无比。我很快意识到自己要死了，疼痛是如此剧烈，我已经想死了，想要停止受罪。

后来,我知道自己当时的感觉是由于气胸——简单说来就是肺组织破裂了。健康的人在吸气时,用的是胸部肌肉来打开胸腔,让气体进入肺部,好像往气球里注入空气;呼气时放松肌肉,呼出空气。如果肺组织因外力破裂,空气就会通过肺部跑掉,进入胸腔,肺部就会被挤在一起,像一团湿了的纸袋子,而进入胸腔的气体无法出去。这种压力阻止了肺部的膨胀,会引起心跳停止或呼吸衰竭。

我的两个肺都破裂了,身体的每一部分都急需氧气。我的大脑、心脏、肺部——都憋得难受。为了呼吸,我不得不扩张胸腔,让肺部获得一点空气。而这意味着我要移动已经断了的肋骨和后背。即使是最小幅度的移动,引起的疼痛都让我难以忍受,但这是唯一能让我获得更多空气的方法。

农场经理上气不接下气地赶过来,他名叫斯

坦，是个善良的人，我很尊敬他。他能感受到，我受了重伤，就快支撑不住了。于是，他捧起我的头，对我说话。不知为何，他温柔有力的话语穿透了疼痛，直达我的内心。他告诉我，我很强壮，他让我相信我会活下来，而这是我自从醒来就放弃了的想法。在此之前，我想的都是我还要忍受多久这样的疼痛才会死去，我什么时候才能停止呼吸。

但是斯坦给了我信念，我开始相信我会活下来。虽然这个想法一开始看上去不可实现，但是我还是这样想。"麦克凯伊，你会活下来。"他对我说，并且开始对我讲一些我将来会做的很棒的事情。

救护车15分钟后到达了，我觉得好像过了15年。我伤得太厉害，他们都不知道怎么把我安全地抬上担架。只要他们将我抬起一点，我就会痛得尖叫。不过他们很快找到了办法。医生为我做了胸管插入，也就是在我的肋骨之间插入一根管子，导出胸腔里多余的空气。我几乎无法忍受那种疼痛，但是很快，胸部的疼痛消失了，我可以更好地呼吸了。

我恢复了近一年，大部分时间平躺在床上。我思考了自己的很多事情，也思考了人生，思考了什么才是最重要的事情。我敢肯定，与死亡有过如此亲密接触的人都会思考这些事情：生命是一件礼物，不能浪费，也不能糟蹋。我尽最大的努力铭记这一事实。当我将生命视作一件礼物，就能够克服困难。

成年之后，我下决心做两件事。第一，我想做一名教师，与他人分享生命给予我的思考。我尤其希望在知名大学浓厚的学术气氛里工作。我希望有一个平台——不仅能够满足我自己的需要，也能够支持我的想法。

我想做的第二件事,是做出贡献,改变世界。在我最需要的时候,斯坦传递给我的爱与关心,还有让我拥有的对未来做出伟大事情的想法,一直伴随着我。我那时并不知道那些伟大的事情是什么,但是我相信斯坦。上帝总会为我们安排。

由于曾有过生命所余时间不多的体验,我对时间充满了深切的敬畏。时间是我授课时的主要话题之一,也是我的学生为之挣扎和困惑的话题。他们第一次学到,人生中要做的事情远比自己拥有的时间要多,因此很快意识到,他们以前的生活方式和利用时间的方式是错误的。

学生们开始形成不同的群体,有些人还没毕业就结婚了,第一次需要努力养活自己和家庭,他们的父母不再接济他们,也许他们在努力准备读研究生,他们一下子需要处理很多问题,比他们认为自己能够处理好的要多。

有人告诉过我赚回时间的秘密——也是赚回人生的意义，这一秘诀在于，跨越根深蒂固的坏习惯，形成好习惯，长期坚持，直到看见改变的发生。

放弃我喜欢的事情让我很不舒服，但是当我保持一段时间之后，就习以为常了。感觉很好，开始实践好习惯时，平静也随之而来。自我价值和自我意识令人陶醉。我们大多数人都觉得自己生活在他人的评价与要求之下。

当我拖延的时候，就是在向自己的情绪屈服，或是在向别人施加的压力屈服。我屈服于自己的负面感受或是负面原因。但是，当我开始做应当去做的事情，并主动将自己保证的话付诸实践，我能感受到，我是自己生命的作者——在书写自己人生的脚本。

我自己亲身体会过，当我的行动和情绪与自己的目标一致，良好的感觉会一下子出现。我认为这是上帝给予的能力。我相信，只要能够达到这种一致，我们的生活就会少一些困扰。

当时，我平躺在地上，几乎每一块骨头都断了，忍受着难以想象的疼痛，却获得了对我的人生影响重大的启示。在等待救援的15分钟里，我了解了人生中最重要的是什么——走出痛苦、得到爱，自由呼吸。

然而，和大多数人一样，我也常常将生命浪费在实际并不重要的事情上。

除了在大学教书，我还在一家公司工作，我们公司对员工做360度绩效评估。我第一次收到评估报告时，才知道了为我工作是怎样一种体验。太可怕了。"我们不能倚仗你。我们没法信任你。你觉得什么都不重要。开会时你不来。你不遵守你自己为我们定的时间表，是不是表明我们也不重要。我也不需要做那些任务了，也不需要为会议做准备。"人们不能这样做领导，没法这样做领导。

于是我不得不后退一步。在此过程中我学会了优先排序和安排时间。在每一份直接汇报或是主要负责的事件上，我都会问自己一个简单的问题：我能够做什么，来让我的每天活动和责任更简化？后来我找到了答案。

我发现，为最重要的事情优先排序，并愿意说不，能够不断让管理更简单。当我十分清楚自己将要做的和不要做的事情，并为每件事情设定好期望值的时候，我立即就可以遵守时间安排了。我会达到期望值，也能够参加我承诺要参加的会议。

也许我给出的答案对所有人都适用，也许它只对我自己有用，但是，我们都面临着同样的问题：我们能够做什么来让其他事情简单一点？答案应当能够帮助你排列好事情的优先顺序，更高效地生活和工作。

大概5年前，我经历了事业上的一次重要时刻。当时我是一家公司的总裁，公司正在全球范围内接受业务，我各处奔走。那时候，我有13个直接汇报人，还是太多了。我那时正在经历工作中的一次大转折，却在家庭上失败了。

并不仅仅是维护不周，我简直是一败涂地。于是，我又回到了这个问题：我究竟能做什么？我的婚姻失败了，不仅仅因为时间问题，还因为我在妻子身边时的状态：身心疲惫，压力巨大。我并不是个外向健谈的人，也没能够在她人生中的那段时间满足她的需要。

当我扪心自问，究竟能够做些什么来挽救我的婚姻，我知道答案是：我应当告诉她我对她的感受，说出她的付出。其实这非常简单，只不过我要么是太累了要么是没有心情。但是，我对自己说：看吧，我要每天花上几分钟时间，只要有机会，就告诉她，她做得很棒，让她知道自己的优秀。

这么做产生了神奇的效果。即使是在练习这么做的时候，婚姻生活中的一切都变得简单了。我的妻子对我的感觉改变了，她回应我的行动，我们之间的互动完全不一样了。而这只需要我做一些小小的改变——在平常的事情上夸奖她，发现她的才能，使用积极的语言。这对我来说并不是自然发生的，但是它确实改变了一切，我和妻子之间的所有其他事情都变得轻松起来。

因此，问问自己：我究竟能做什么来让事情变得简单？这能够帮助你理出事情的优先顺序。这个问题的答案也是最有利的杠杆，产生显著的效果。

　　就在那段时间，我与孩子们的关系也很脆弱。我会告诉你们真实的故事。我那时很可怕，并不只是不好而已，是很可怕。

　　那会儿，我的两个孩子在上初中，另一个上高中，还有一个上小学。我的家庭生活和工作日程都满满当当，然而我并没有处理好。下班回到家，我常常第一眼就看到地板上的鞋子，东西摊得到处都是，我的儿子该做的事情还没有做完，我期待中孩子们能够照料好的家务活全都没有做。而我必须让他们做完。我不会大喊，也不发脾气，但是他们听到我说的第一句话总是："你得做这个。为什么你没做？我告诉过你了需要做。把你的手机给我，不做完不许拿回去。"这已经成了一种习惯，我已无法自拔。

　　每时每刻，我都在评论和挑剔他们。孩子们

和我的关系糟透了。他们不再主动找我,对于家里的事情也没有积极的评论。我觉得很难过。

一天,我在《圣经》中读到:"上帝创造了日月星辰。他让它们彼此接近,可以相互给予。"他们离我这么近。我们在相同的轨道,在家庭里,因此我可以给予他们光芒。在那一刻,我决定改变,不再挑剔和评价,而是要发光发热。我甚至在办公室里画了一个记号,提醒自己,要做发光者,而不是评论者。

于是我开始改变了,很难。下班回家的路上,我知道自己又要服从老习惯了,所以我会在到家之后在车库里停一会儿,告诉自己:"走进家门时,要迈过书包,躲开地板上的鞋子。不要管这些,你要问问孩子们他们今天过得如何。你得告诉女儿们,她们很漂亮。夸奖他们。如果有谁想和你说点什么事,只要安静地听。只要他们想说,即使你很累，很想马上回到房间，也要坐下来听完。"

我开始这样做了。最初真的很难，好像不是我自己了。但是你知道吗？事情开始发生改变。孩子们开始愿意主动来找我寻求指导，于是我有了更多机会去询问、引导和训练他们，时机恰当，而并非一味评论和挑剔。你们可以看到我的家庭发生的变化：和平和信仰回归了，我们相互信任，一切恢复正常。真是太棒了！

作为父母，我们需要牢记，有时候我们的情绪会决定家庭的情绪。知道了这一点，我就能做到希鲁姆所说的事情，也就是控制生活，遵循我的价值观。这对我的家庭影响极大。

每天，我都花上15分钟来做计划。告诉你们：一开始要留出这段时间很困难。找到15分钟，全身心投入，全神贯注，快速进入这种状态，不受任何干扰地快速结束，需要练习，才能形成习惯。

但这也是一项所有人都能够培养出的能力。

这种能力基于全情投入的概念。当人们全情投入在一件事情上时，他们的效率更高，效果更好，更专注，也更主动。在早晨的"魔力15分钟"里，习惯就开始形成，然后会延伸至生活的各个领域。拥有了这种能力的人们会更有能力完成深刻和严肃的事情；在需要勇气的时候，他们会勇敢；也会更有建设性、准备更充分、心态更开放，可塑性也更强。只要一个人全情投入地做一件事，专注地思考，所有这些伟大的性格都会出现。

不过，分心是很容易的事情。只要瞥一眼邮件，就会偏离轨道，陷入无尽的信息之中。电子邮件太容易让人分心了，因此我决定早上决不看邮件。起床之后，我会阅读《圣经》开始"魔力15分钟"的活动。我知道我用来寻找灵感的方式并不适用于所有人，但我还是相信，启发性的活动——阅读《圣经》、冥想、祈祷、内省、启发性的阅读——是让我全情投入开始一整天的关键。灵性阅读会提醒我生命中最重要的事情，我的计划也会实现得很快。

史蒂芬·柯维曾提到过一种"受到教育的良知"。用对你重要的价值观来浇灌良知，用能够提升自我的阅读和与优秀的人物对话来巩固良知；每天做一点这类事情，就能够增强你在抉择时刻到来时选择正直的能力。我们可以做自己说过要做的事情，也可以遵循自己认为应当遵守的原则，我们可以完全诚实地面对自己和他人，也可以完成困难的事情，比如在需要道歉的时候表达歉意。受过教育的良知促使我们做到这些，它以不同的形式鼓励我们，比如让我们在15分钟的每日计划里获得理念与感受。

我相信，有一种联系，将高度教育的良知与

不断思考并每天按照个人价值观做决定的人联系起来。如此行事的人们将会在生活中获得更多的东西。

达到目标

克服困难、追寻目标、做计划以及专注于行动，这些事情从根本上为我的生活带来了积极变化。是它们促成了我的多数成就，并为我的两大原始目标——在学术环境里做一名教师以及为改变世界做出切实贡献——提供了精力和能量。

成年之后，我一直专注这些原则——理解原则、用个人经历延伸内涵，努力让它们成为生活的一部分。结果是，出现了很多改变。有时我会做错事，比如最初处理与孩子们关系的方式，但是我也做了很多正确的事。

我在1977年获得了博士学位，我的论文研究主题是人类在成年阶段发展要经历的8个阶段。从研究中，我有两项收获，第一，阅读对于成长和成熟有切实的益处。第二，与有着更多阅历的导师合作会帮助我们学会如何处理生活中面临的现实问题。这些都与希鲁姆所说的现实模型和信念之窗的理论类似。

我的博士研究内容让我有机会成为杨百翰大学马里奥特学院的教师，在这里我为MBA的学生教授基本技能。

现在我有了很多机会来改变世界，做出贡献。实现这个目标的途径之一是建立了网站www.openyoureyes.org。我与搭档和朋友，杰克·奥尔森，每天帮助人们"带着信仰生活，发现内心的冠军"。杰克曾与一种罕见的癌症抗争，失去了视力，却最终实现了打橄榄球的目标。他的经历一直鼓励着我，让我意识到，我们都拥有力量做

> 出选择，无论境遇如何。通过计划与坚持，我们
> 能够实现目标，汗水终究能够变成收获。

最后，再来思考印第安纳·琼斯的故事。在时间鸿沟面前，圣杯所在的岩洞代表着你计划今天要做的事情，而你所在的岩壁代表着你实际正在做的事情。当你正在做的事情与你的计划相符时，内心平静就会出现，个人做出贡献改变世界的能力，也会有质的飞跃。

The 3 Gaps
Are You Making a
Difference?

结 语 / Conclusion

· **你做出了什么改变** ·

现在，你知道了掌握人生会遇到的三道鸿沟都有哪些：信念鸿沟、价值观鸿沟和时间鸿沟。你也读过了极有说服力的三个故事，看到人们是怎样弥合他们生活中的鸿沟的。你还了解了一些简单的方法，可以用来弥合自己生活中的鸿沟。那么问题来了，你会为了改变现状做点什么吗？

让我们一起来看看"勇气"的定义。这不是词典里的定义，而是我为它下的定义。

> 勇气是一种能力，能够在做出决定的冲动过后，仍然做出有价值的决定。

多年以前，工作时，我在每天早上9点有一个仪式习惯：到公司的餐厅里，往糖果售卖机里投入25美分，买一根能量棒。说我对能量棒上瘾其实也不过分。

一天，我正要买能量棒，餐厅里对面的两个人以为我听不到他们的谈话，正在窃窃私语："希鲁姆变胖了，不是吗？"

我的手僵在半空。我把那25美分放回口袋然后冲出了餐厅。那时我的体重是230磅，已经超重了40磅。我妻子已经劝了我两年，要我减肥。我拿起电话打给她，告诉她这一次我一定要减肥。我的情绪很激动。但是你知道那个承诺我遵守了多久吗？4个小时！

在我们做出这类决定之后的4个小时里，会发生什么呢？我们会饿，就是这样。然后你就会发现自己倚在冰箱门上，拿到什么吃什么。

> 勇气，简单地说，就是做你说过要做的事。

很久以前我就知道了"智慧"的定义：运用得当的知识。阅读这本书的时候，你获得了一些知识——来自于很棒的人和事。现在的问题是，你有勇气用它们来做些什么吗？

有三件事情，我希望你能仔细考虑，它们能够促使你开始下决心弥合三道鸿沟，掌握人生。这三件事情是：

1. 写下与你有关联的事情。

2. 花上36个小时，思考这些事情。

3. 接下来，在48小时之内，将这些事情讲给别人听。

现在，开始你的旅程吧。弥合人生中的三道鸿沟，开始你的寻找内心平静之旅。

> 做出改变。

Appendix

The Author's Personal Constitution

附录 本书作者希鲁姆·W. 史密斯的核心价值

· The 3 Gaps ·

1. 我像爱自己一样爱我的邻居。我不会做任何伤害另一个人自尊心的事情。只要我可以，我尽力帮助人们。慈善是我的道德追求——"将行为与人区分开来的能力"。我不批评任何人的信仰。我尊重每个个体生存、思考、感受及选择信仰的权利。

2. 我努力做一个好丈夫和好父亲。我充分陪伴我的妻子和孩子，让这些时间更充实，帮助他们满足在精神上、智力上、社交上、专业上、生理上以及经济上的需求。我爱我的妻子，关心她、尊重她、善待她。我努力增强家庭的纽带。我为我的孩子们树立自信，帮助他们最大程度实现潜能。

3. 我保持谦逊。"谦逊"对我来说，意味着"意识到我们要依靠上帝的力量"。我知道，我所有的一切、我现在的自己以及即将成为的自己，都是上帝的恩赐。谦逊并不是软弱，我只是认识到了自己在宇宙中的渺小。

4. 我珍惜父母的回忆。我的父母给予我生命，教会我基本的生活准则，并为我树立了优秀的榜样。

5. 我努力增长知识。一个人的词汇量限制了他思考的深度。我每天读书，选择最优秀的书籍和文章。胸无点墨的人是无法做教师的。

6. 我在所有的事情上都保持诚实。首先，我坦诚面对自己，因为这是对别人诚实的前提。我听从自己的良知来做决定。黄金法则便是宇宙的自然法则，百试不爽。

7. 我运用演讲的才能。口头沟通的能力是上天的礼物。我从不说脏话。我使用自己知道的最好的英语和文法。只要概念讲解得清楚明白，人们总会倾听并学习。

8. 我保持身体的健康强壮。我的身体是储藏精神的神殿。没有好身体，我不可能履行我的核心价值。我规律地吃饭、睡觉、运动，为了保持高涨的精力。只要是会持续妨碍我实现最优状态的东西，我都会拒绝。并且，我会消除负面能量。

9. 我珍惜时间。高度自我实现状态的一个结果就是更加珍惜时间。时间管理就是要控制人生中的事件。每天，我都会用单独一段时间，评估当天发生的事情。在这段内省的时间里，我将这些事件按照对我而言的重要性排出优先顺序。只有在我按照自己的核心价值管理时间的情况下，我才会获得内心平静。

10. 我做到财务独立。我有一份收入，可以显示出我是否胜任我的工作。我的家人们因此不会挨饿受冻，满足了交通需求，并接受教育。

11. 我每天都有一段不受干扰的时间。在这段时间里，我指导我的家人，读书、做当天的计划，自己祈祷或与家人一同祈祷。这些都能让我每天获得内心平静。

12. 我帮助人们改变生活。我教会人们正确的原则，并亲自实践，人们得到激励，并自己实践这些原则。当人们内化了这些原则，他们就控制了自己的生活，获得内心的平静。

13. 我认真倾听。我认真倾听所有的声音，包括正面的和负面的。然后，我会权衡它们，带着尊重与爱作出回应。

14. 我的生活充满秩序。我努力在生活的各个方面保持秩序。我周围的环境总是整洁有序，能为我带来平静。我保持良好的个人卫生习惯。